Werner Symanek

mit Gastbeiträgen von

Dr. Wolf Bertling

Dr. Stefan Rohmer

Corona-Pandemie
B-Waffen • GEN-Waffen

Verschwiegenes über gefährliche Wissenschaften

Dieses Buch ist vor Drucklegung dahingehend geprüft worden, dass weder Inhalt noch Aufmachung irgendwelche BRD-Strafgesetze verletzen oder sozialethische Verwirrung unter Jugendlichen auslösen.

© VAWS • Postfach 101350 • D-47013 Duisburg

Telefon 0208-5941661 • Telefax 0208-5941669

info@vaws.de • www.vaws.de

2021

ISBN (10): 3-927773-93-X

ISBN (13): 978-3-927773-93-6

Vorbemerkung

Wenn man jeden Tag dutzende Pressemeldungen auf seinem Schreibtisch vorfindet, erliegt wohl jeder schnell einer gewissen Müdigkeit, wenn er sich durch diese gräulichen Papierberge durcharbeitet. Anders, als mir die Meldung aus dem *Kölner Express* unterkam, dass Israel an der Entwicklung einer »Gen-Bombe« arbeiten solle - ich war hell wach.

Als erste Konsequenz sollte diese Meldung überprüft werden. Eine Anfrage bei der israelischen Botschaft - die man sich natürlich hätte sparen können - ergab, dass es sich um eine »Ente« handeln soll. Der *Kölner Express* hat mir auf meine Anfrage hin bis heute nicht geantwortet.

Also musste wie gewohnt das Internet herhalten. Während die Informationen in Deutschland recht dürftig waren, gab das

Internet im Ausland recht interessante und vor allem seriöse Informationen. Es begann eine großangelegte Suchaktion und was mir ein Greuel war, eine scheinbar nie endende Flut von Übersetzungen.

Um es vorweg zu nehmen: Der endgültige Nachweis, dass es diese Forschungen in Israel gibt, konnte nicht erbracht werden. Daran arbeiten sicherlich auch ausländische Geheimdienste mit mehr oder weniger Erfolg - aber sicherlich mit effektiveren Mitteln und Möglichkeiten, als sie mir zur Verfügung stehen. Allerdings lassen die Indizien, welche in diesem Buch zusammengetragen sind, die Befürchtungen nicht unbegründet und sollten wenigstens dazu beitragen, ein waches Auge, vor allem auf ein Forschungsinstitut in *Nes Ziona* zu werfen. Heute, zwanzig Jahre später, geht ein Großteil der Fachliteratur davon aus, dass wir zur Jahrtausendwende mit unserer These richtig lagen.

Ebenso beunruhigend war für mich die Feststellung, dass auch das Apartheids-Regime in Südafrika an einem solchen Projekt gearbeitet hat. Was sich demnach in den hochmodernen Forschungslaboratorien der Weltmächte abspielt, läßt sich nur erahnen.

Besonderen Wert lege ich auf die Feststellung, dass dieses Buch kein Plädoyer gegen die Gen-Forschung ist. Gerade durch die Arbeiten an diesem Buch bin ich fest davon überzeugt, dass diese Forschung einen der größten Erfolge in der Medizin einbringen wird. Dieses Buch ist jedoch ein Plädoyer gegen ein solches Waffensystem, egal ob in Israel, Südafrika, oder anderswo. Die Gefahr, die von einem solchen Waffensystem ausgeht, ist nicht schwer zu erahnen.

Auf Empfehlungen meines juristischen Beistandes habe ich mich entschlossen, diese Veröffentlichung einer strengen Selbstzenzur zu unterziehen. Diese zensierten Stellen sind mit [...] kenntlich gemacht. Leider fallen teilweise auch Originaldokumente dieser Selbstzensur zum Opfer.

Ich bitte für diese Maßnahmen um Ihr Verständnis.

Soweit das leicht veränderte Vorwort aus dem Jahr 2000. Heute, zwanzig Jahre später haben wir eine SARS-CoV2-Pandemie (Corona- oder COVID-19-Pandemie). Die Herkunft des SARS-CoV2-Virus das die COVID-19-Infektion (umgangssprachlich Corona genannt) verursacht, kann bis dato nicht geklärt werden. Fakt ist: Forscher und Menschen, die einen Hintergrund in den Laboren der Welt als Ursache ausmachen, werden systematisch als Spinner und Verschwörungstheoretiker verächtlich gemacht. In diesem Buch werden die Informationen, die eine Herkunft des SARS-CoV2-Virus in Biologischen Laboratorien ausmachen zusammengetragen. Völlig wertneutral aber dem Verschwiegenwerden entgegen tretend. Als Grundlage dieser Zusammenstellung dient mein Buch Gen-Waffen aus dem Jahr 2000, welches die perversion menschlichen Handelns verdeutlicht, um solche menschenverachtenden Versuche nicht von vornherein als unmöglich auszuschließen.

Werner Symanek

Abkürzungen

AFP	agence france-presse
ANC	African National Congress
BBC	British Broadcasting Corporation
BMA	British Medical Association
BSL	Biosafety level
BWC	Biological Weapons Convention
CIA	Central Intelligence Agency
DMMP	Dimethyl-Methylphosphat
DNA	Desoxyribonucleic acid
DNS	Desoxyribonukleinsäure
DPA	Deutsche Presseagentur
HIV	Human immunodeficiency virus
HUGO	Human Genome Organisation
IDSA	Institute of Defense Studies and Analyses
NIH	National Institute of Health
OAU	Organisation für Afrikanische Einheit
PLO	Palestine Liberation Organization
SARS	Severe Acute Respiratory Syndrome
CoV	Coronavirus disease, Coronavirus-Krankheit
SNPs	Single Nucleotide Polymorphisms
UCL	University College London
UNESCO	United Nations Educational, Scientific and Cultural Organization
UNO	United Nations Organization

WHCDC	Wuhan Center for Disease Control and Prevention
WHO	Weltgesundheitsorganisation
WIV	Wuhan-Institut für Virologie

Inhaltsverzeichnis

Die Corona-Pandemie

2020 wird als das Jahr der Corona-Pandemie in die Geschichtsbücher der Welt eingehen, wie bereits zuvor die Pest und die Spanische Grippe.

Bis zum 19. Mai 2020 sind weltweit mehr als 4,8 Millionen Coronavirus-Infektionen verzeichnet, darunter 319.193 Todesfälle [Stand 18.12.2020: 75,3 Millionen Coronavirus-Infektionen, darunter 1.67 Millionen Todesfälle]. Eine Statistik, die sicherlich nur ein Richtwert ist. Zudem liegt die Vermutung nahe, dass uns diese Pandemie noch Wochen, und Monate, sowie das SARS-CoV2-Virus noch Jahre Jahre begleiten wird.

Worin liegt die Ursache der Pandemie? Sind wir Opfer der Biowaffenforschung, unkontrollierbarer Wissenschaft, oder nur einer unglücklichen Entwicklung in der Tierwelt. Wir gehen in diesem Buch den ersten beiden Möglichkeiten nach und führen nachfolgend Fakten auf, die uns nicht alltäglich über Tageszeitungen und Fernsehnachrichten erreichen.

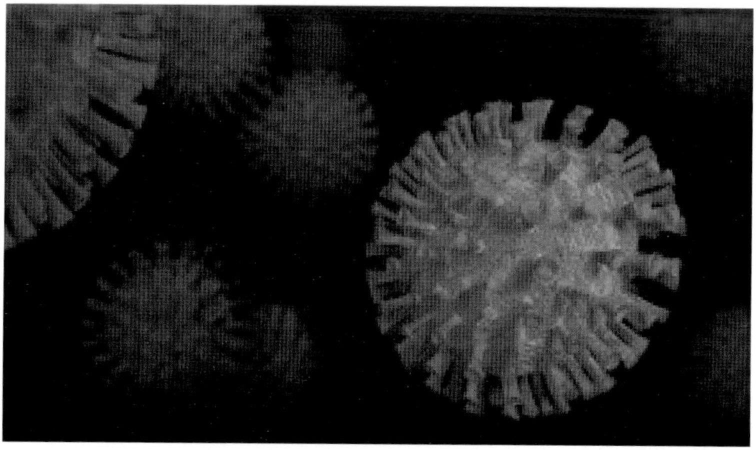

Die Coronaviren

Coronaviren sind ein Virusstamm. Ihre Vertreter verursachen bei verschiedenen Tieren wie Vögeln und Fischen sehr unterschiedliche Erkrankungen. Erste Coronaviren wurden bereits im Jahr 1937 beschrieben (Fields, Virology). Coronaviren sind genetisch sehr variabel; einzelne Arten aus dem Stamm der Coronaviren können durch Überwindung der Artenbarriere auch mehrere Arten von Wirten infizieren. So sind beim Menschen durch die Überwindung der Artenbarriere, unter anderem Infektionen mit dem SARS-Coronavirus (SARS-CoV/ SARS-CoV-1), dem ausgemachten Erreger der SARS-Pandemie in den Jahren 2002/2003, entstanden.

Bereits 2002 und 2003 starben fast 800 Menschen an schweren Lungenentzündungen, dem *Severe Acute Respiratory*

Syndrome (SARS). Lange blieb unklar, woher die Erreger stammten, obwohl Forscher den Auslöser, einen Virusstamm vom Typ Coronavirus, schnell identifizierten.

Fledermäuse standen im Verdacht, Überträger der Viren zu sein. In ihnen hatten Forscher allerdings nur SARS-ähnliche Viren entdeckt. Für Infektionen menschlicher Zellen fehlte diesen jedoch ein wichtiger Bestandteil, ein Protein.

Die COVID-19-Pandemie wird auf ein Coronavirus zurückgeführt, das den Namen SARS-CoV-2 erhielt. Insgesamt sind derzeit sieben Coronaviren bekannt, die in der Lage sind, beim Menschen Krankheiten hervorzurufen.

Lucy van Dorp vom UCL *Genetics Institute, University College London* ermittelte mit weiteren Forschern aus England und Frankreich aufgrund phylogenetischer Analysen (eine spezielle Fachrichtung der Genetik und Bioinformatik) der verschiedenen Virusvarianten Anfang Mai 2020, dass das neue Virus SARS-CoV-2 zwischen dem 6. Oktober 2019 und dem 11. Dezember 2019 auf den Menschen übergesprungen sein sollte.[1)]

Der Ursprung von Sars-CoV-2 ist nicht wirklich zweifelsfrei bekannt. Der *Huanan Seafood Market* in Wuhan galt bislang als eines der möglichen Epizentren der Seuche.

Der *Huanan Seafood Market* in Wuhan ist kein idyllischer Kleinstadtmarkt. Er ist wie ein Labyrinth, ungefähr so gross wie sieben Fussballfelder. Tausende Kunden aus der 11-Millionen-Metropole Wuhan schoben sich jeden Tag durch die engen Gassen zwischen den Ständen im Stadtteil Jianghan. Vor vielen Läden hingen Fleischstücke, stapelten sich lebende Frösche, Krebse, Fische. Dahinter fanden sich die Käfige mit grösseren Tieren.

Zweifel an der Theorie, dass der Markt das Epizentrum ist, sind nicht unangebracht, denn Studien stellten fest, dass bei 14 von 41 Corona-Patienten keine Verbindungen zum Markt bestand.[2)]

Gegenüber dem Recherchezentrum *Correctiv* sagte Dr. David Heymann, stellvertretender Generaldirektor für Gesundheit, Sicherheit und Umwelt bei der Weltgesundheitsorganisation (WHO), das es bisher keinen Beleg, nur Indizien gibt, dass die Übertragung des SARS-Cov-2-Virus von Tieren auf Menschen geschah. Es sei aber theoretisch möglich, dass Fledermäuse andere Tiere auf dem Seafood Market infiziert hätten, die dann wiederum Menschen auf dem Markt ansteckten.[2.1)]

Die Möglichkeit, dass das Virus als Biowaffe entwickelt wurde, wird zwar von einigen Wissenschaftlern ausgeschlossen, bleibt aber ebenso diskutabel, wie die Möglichkeit eines Laborunfalls.

Dabei sind zwei Forschungsinstitute unweit des *Huanan Seafood Market* in den Fokus gerückt, in denen nachweislich an Coronaviren gearbeitet wird. Dazu zählen das Wuhaner *Zentrum für Seuchenkontrolle und –präventation* (WHCDC), ca. 280 Meter vom Markt entfernt und das *Wuhan-Institut für Virologie* (WIV) in rund 12 Kilometer Entfernung.

Wuhan, China

Das *Wuhan Institut für Virologie/ Chinesische Akademie der Wissenschaften*

Vor etwa 3000 Jahren wurde die Region Wuhan erstmals besiedelt. Das heutige Wuhan entstand 1953 durch den Zusammenschluss mehrerer Städte. Heute ist Wuhan die zweitgrößte Stadt im Binnenland der Volksrepublik China. Wuhan hat ca. 11 Millionen Einwohner.

Das *Wuhan Institut für Virologie/Chinesische Akademie der Wissenschaften (Wuhan Institute of Virology*) wurde 1956 unter dem Namen *Wuhan Mikrobiologie-Labor* gegründet. Es folgten Umbenennungen in *Südchinesisches Institut für Mikrobiologie* (1961), *Institut für Mikrobiologie Wuhan* (1962), *Institut für Mikrobiologie der Provinz Hubei* (1970) und seit 1978 in *Wuhan Institut für Virologie/Chinesische Akademie der Wissenschaften.*

2017/18 wurde mit umgerechnet 40 Millionen Euro ein Bio-Labor für Forschungen an gefährlichsten Krankheitserregern der höchsten Sicherheitsstufe BSL-4 fertiggestellt. Das Institut hat eine Sammlung von Viruskulturen und ist mit etwa 1500 Erregerstämmen die größte Virusbank Asiens.[3)]

Einen Teil der Zuschüsse in Höhe von 3,7 Mio. US-Dollar, die zwischen 2014 und 2019 von dem *National Institutes of Health* (eine Behörde des US-amerikanischen Gesundheitsministeriums) vergeben wurden, trug zur Finanzierung der Forschung am *Wuhan Institut für Virologie* in China bei.[4)]

Der wissenschaftliche Mitarbeiter am *Begin-Sadat Center for Strategic Studies in der Bar-Ilan-Universität* (Israel), Dany Shoham, ist laut der *Washington Times,* der Überzeugung, dass das *Wuhan Institut für Virologie* mit Chinas verdecktem Bio-Waffenprogramm verbunden ist.[5)]

Wörtlich: *»Certain laboratories in the institute have probably been engaged, in terms of research and development, in Chinese [biological weapons], at least collaterally, yet not as a principal facility of the Chinese BW alignment.«*[6)]

(Bestimmte Laboratorien des Instituts haben sich wahrscheinlich in Bezug auf Forschung und Entwicklung mit chinesischen [biologischen Waffen] befasst, zumindest begleitend, jedoch nicht als Haupteinrichtung der chinesischen Biowaffen-Ausrichtung.)

Dany Shoham Im Juli 2019 in einem Artikel der Zeitschrift *Institute for Defense Studies and Analyses*:

»The Wuhan institute was one of four Chinese laboratories engaged in some aspects of biological weapons development.«[7)]

(Das Wuhan-Institut war eines von vier chinesischen Laboratorien, die sich mit einigen Aspekten der Entwicklung biologischer Waffen befassten).

Dany Shoham

ist ein erfahrener wissenschaftlicher Mitarbeiter am *Begin-Sadat Center for Strategic Studies in der Bar-Ilan-Universität* (Israel) und Gast-Wissenschaftler am *Institute of Defense Studies and Analyses (IDSA)* in Neu-Delhi (Indien). Er wurde 1949 in Israel geboren und lebt in Tel Aviv (Israel).

1970-1991: Analyst beim israelischen Militärgeheimdienst – speziell für biologische und chemische Kriegsführung im Nahen Osten und weltweit.[8)]

1999-2008: Dozent am *Institut für Politische Studien, Bar Ilan Universität*, Israel.

2014: Gastwissenschaftler am *Institut für Verteidigungsstudien und -analysen*, Neu-Delhi, Indien.

Er ist Autor und Co-Autor u. a. folgender Veröffentlichungen:

1979 *The first isolation of animal influenza virus in Israel*

1998 *Chemical and Biological Terrorism: An Intensifying Profile of a Non-Conventional Threat, Policy Paper No. 43,* 34 pages, ACPR, Israel, 1998

1998 *The Evolution of Chemical and Biological Weapons in Egypt, Policy Paper No. 46*, 63 pages, ACPR, Israel,

2000 *Peace With Syria: No Margin For Error,* ISBN 978-9657165133

2001 *Chemical and biological weapons in the Arab countries and Iran: An existential threat to Israel?*, ISBN 978-9657165232

2002 *The silent East-West front line migration from Europe to the Middle East. The World Congress for Middle Eastern Studies,* Johannes Gutenberg-Universität Mainz, Deutschland,

2002 *The proliferation of weapons of mass destruction in the Middle East. The World Congress for Middle Eastern Studies,* Johannes Gutenberg-Universität Mainz, Deutschland,

2001 *Chemical and biological terrorism: a sharper picture of a nonconventional threat, Nativ,* vol 14, no 1:33-41, 2001

2002 *The Middle East as a facilitator of terrorism by weapons of mass destruction. The International Conference on International Terrorism and Anti-Terrorism Cooperation,* Shanghai, China,

2002 *The Israeli angle on the CIA document about WMD in Iraq, Nativ,* vol 15, no 6:23-25, 2002

2004 *The new map of chemical and biological weapons in the Middle East, NATIVonline,* vol 4, June 2004

2005 *The technology of chemical, biological and radiological warfare as a force multiplier in the future battlefield, Nativ,* vol 18, no 3:41-48

2007 *Handbook of Pharmaceutical Biotechnology, John Wiley and Sons Inc.,* USA, Editor-in-Chief: *Shayne Cox Gad*, pp. 1525-1651

2008 *Bioterrorism, Shalom - The European Jewish Times,* vol 49, Fall 2008:15-17,

2018 T*he EU's Utopian Approach to Iran, BESA Center Perspectives Paper* No. 986,

Nach der SARS-CoV1-Pandemie 2002/2003 untersuchten Virologen vom *Wuhan Institute of Virology*, Shi Zheng-Li und Cui Jie, Tausende von Fledermäusen und fanden Viren, die SARS am ähnlichsten waren. Jahre lang analysierten die Virologen Kotproben und sequenzierten das Erbgut von 15 Virusstämmen. Das Ergebnis war, dass diese 15 Erregertypen alle Gene enthalten, aus denen das SARS-Virus bestand, das 2002 die SARS-Pandemie auslöste. Daraus ist jedoch abzuleiten, dass seit Jahren mit Coronaviren am *Wuhan Institute of Virology* geforscht wird.[9)]

Ob zeitgleich Forschungen zum Einsatz des Virus als Bio-Waffe in defensiver oder offensiver Variante stattgefunden haben, oder alles nur zur rein medizinischer Forschung kann zweitrangig sein.

Selbst wenn es sich hierbei lediglich um eine defensive Biowaffen-Forschung handelt, ist festzuhalten, dass einige Viren, die in der zivilen Medizin weit verbreitet sind, in höheren Konzentrationen auch als Waffe benutzt werden können. Eine defensive Forschung kommt außerdem nicht darum herum, sich mit den Möglichkeiten des offensiven Einsatzes von Bio-Waffen zu befassen.

Bleibt nach wie vor die Frage offen, wie sich SARS-CoV-2-Viren auf den Menschen übertragen konnte. War es der Verzehr von Fledermäusen, obwohl die Forscher des *Wuhan Instituts* zu der Erkenntnis kamen, dass sich das Erbgut verschiedener Viren, z.B. in infizierten Fledermäusen häufig vermischt, so dass ständig neue Varianten entstehen? Die Forscher warnten sogar 2017 in dem Fachmagazin *Plos Pathogens* ausdrücklich davor, dass so auch ein neues für Menschen infektiöses Corona-Virus entstehen könnte.[10)]

Oder haben jene Menschen versagt, die sich in einem Hochsicherheitslabor in Sicherheit wiegten und das SARS-CoV2-Virus kam durch einen Laborunfall oder über die Kontamination eines Mitarbeiters in die breite Bevölkerung?

In dem Wissenschaftsmagazin *Nature*, äußerten bereits 2017, zwei Jahre vor dem Ausbruch von Covid-19, Experten Bedenken über mögliche Sicherheitslücken des Instituts.[11)]

Zur aktuellen Corona-Pandemie schließt Dany Shoham einen »Laborunfall« im diesem Institut nicht aus, entweder als Leck oder als unbemerkte verschleppte Kontamination einer Person, die sich im Labor aufhielt und diese nach außen getragen hat.

»In principle, outward virus infiltration might take place either as leakage or as an indoor unnoticed infection of a person that normally went out of the concerned facility.« [12)]

Merkwürdigkeiten die zum Hinterfragen anregen

»Patientin Zero« verschwunden

Die Forscherin Huang Yan Ling arbeitete in dem Hochsicherheitslabor für Virologie in Wuhan, das seit Jahren an Corona-Viren forscht. Nachdem bekannt wurde, dass sie »Patient Zero« der Pandemie gewesen sein soll und nicht ein Besucher eines Markts für Wildtiere, wie Peking behauptet, ist sie verschwunden. Auf der Webseite des Labors wurden alle Hinweise auf sie und ihre Forschung gelöscht, ebenso die Hinweise in den sozialen Netzwerken.[13)]

Kritiker verschwinden

Chinesische Wissenschaftler, Corona-Patienten und Bürgerjournalisten, die dem Propagandabild zu Corona der kommunistischen Regierung Chinas widersprechen, verschwanden plötzlich und tauchen nicht wieder auf.[14)]

Der Geschäftsmann Fang Bin in Wuhan hatte mit selbstgedrehten Videos die offizielle Propaganda über die Abläufe am Ursprungsort der Corona-Pandemie in Frage gestellt und erste Zweifel geweckt, ob China die Lage wahrheitsgemäß darstellt. Seit Februar 2020 hat man nichts mehr von ihm gehört.[15)]

600 gefangene Fledermäuse

Der Professor der renommierten *South China University of Technology*, Botao Xiao ging der Frage nach, wo in Wuhan mit Viren in Fledermäusen geforscht wird. Tatsächlich stieß er auf zwei Laboratorien. In einem davon, dem *Wuhan Center for Disease Control and Prevention*, nur ca. 280 Meter vom Huanan Fischmarkt entfernt, wird mit Fledermausproben gearbeitet und das ist somit ein möglicher Ausbruchsort der Pandemie.

Dort habe es 600 Fledermäuse gegeben, denen Proben entnommen wurden. *»Die Gewebeproben und kontaminierten Abfälle waren eine Quelle von Krankheitserregern«,* so der Professor. Davon berichteten Botao Xiao und sein Co-Autor Lei Xiao auf dem Forschungsportal *ResearchGate*. Die Beiträge der chinesischen Forscher waren nur einen Tag später gelöscht. Researchgate.net teilte mit, der Nutzer selbst habe den Text wieder offline genommen und danach sei vom ihm sein Account gelöscht worden.[16)] Das zweite Labor das Fledermäuse hält ist das *Wuhan Institut für Virologie.*[17)]

Den vollständigen Text haben wir am Ende der Corona-Ausarbeitung angeführt.

Immer wieder der Huanan-Fischmarkt

Warum für Widersacher der Laborunfall-Theorie, der Huanan-Fischmarkt eine solch bedeutende Rolle spielt, bleibt wahrscheinlich ein Rätsel.

»Chinesische Forscher haben im Januar eine Studie in dem Fachjournal „Lancet" publiziert, in der sie zu dem Schluss kommen, dass von den ersten 41 Patienten, die sich mit Sars-CoV-2 infizierten, 14 keinen Kontakt zu dem Markt hatten.«,[18] *so das* Nachrichtenmagazin *Spiegel.de*

Auch der sogenannte »Patient Zero« steht noch nicht endgültig fest, weswegen die Bestimmung des Ursprungs der Pandemie nicht festgelegt werden kann. Immer wieder werden Forscher in der nächsten Zeit die Angaben zu einem Zeitpunkt eines Patienten Null nach vorne korrigieren.

Das Geheimdienstdossier der »*Five Eyes*«

In einem Geheimdienstpapier der *Five Eyes,* eine Geheimdienstallianz der USA, Großbritanniens, Australiens, Kanadas und Neuseelands werden Vorwürfe gegen China erhoben. Statt diese Vorwürfe näher zu überprüfen, sind westliche Medien und Politiker lediglich damit beschäftigt, die Ermittlungsergebnisse in diesem Dossier als Hirngespinste darzustellen.

Laut diesem Geheimpapier, welches der australischen Zeitung *Saturday Telegraph* vorliegt und die darüber am 4. Mai 2020 online berichtete, werden folgende Vorwürfe erhoben:

Besonders beklagt wird, dass China noch bis zum 20. Januar 2020 bestritten hatte, dass sich das Virus von Mensch zu

Mensch übertrage, wofür es bereits Anfang Dezember 2019 Hinweise gegeben hat.[19)]

Es wird beklagt, dass China Virusproben vernichtet habe und Veröffentlichungen von Wissenschaftlern über das Virus streng kontrolliert. So hätten sich chinesische Behörden auch geweigert Lebendproben internationalen Forschern zur Verfügung zu stellen. [20)] Wildtiermarktstände wurden gebleicht und die Genomsequenz nicht öffentlich geteilt.[21)]

Darin sei auch zu finden, wie Chinas Behörden frühzeitige Warnungen seiner Mediziner unterdrückte, das wahre Ausmaß des Ausbruchs herunterspielte und Informationen zensierte.[22)]

Am 31. Dezember 2019 begannen die Behörden in China, Nachrichten über das Virus von Suchmaschinen zu zensieren und Begriffe wie *SARS-Variation* zu löschen.[23)]

Am 1. Januar 2020 wurde der Markt in Wuhan geschlossen und desinfiziert, ohne dass untersucht wurde, woher das Virus stammte. So berichtete die *New York Times*, dass einzelne Tiere und Käfige dahingehend gereinigt wurden »um Beweise [...] zu eliminieren«.[24)]

Die *Hubei-Gesundheitskommission* befahl am 2. Januar 2020 den Genomikunternehmen Tests auf das neue Virus einzustellen und alle Proben zu vernichten. Die *National Health Commission* – eine führende Gesundheitsbehörde in China - ordnete am 3. Januar 2020 an, Wuhan-Lungenentzündungsproben zu zerstören.[25)]

Ärzte wurden festgenommen und verurteilt.

Von allen Ärzten, Aktivisten, Journalisten und Wissenschaftlern, die Berichten zufolge verschwunden sind, nachdem sie über das Coronavirus gesprochen oder die Reaktion der chinesischen Behörden kritisiert haben, ist kein Fall faszinierender und besorgniserregender als der von Huang Yan Ling. *Die South China Morning Post* berichtete über Gerüchte in den chinesischen sozialen Medien, dass die Forscherin am *Wuhan Institute of Virology*, Huang Yan Ling , als erste mit der Krankheit diagnostiziert wurde und »Patientin Zero« war. Dann war sie verschwunden, ihre Biografie und ihr Bild wurde von der Website des *Wuhan Institute of Virology* gelöscht. Am 16. Februar 2020 bestritt das Institut, dass sie »Patientin Zero« war, und sagte, sie sei gesund und munter. Seitdem gibt es keinen Lebensbeweis, was die Spekulationen anheizte.[26)]

Ebenso weist das 15-seitige Geheimdokument auf riskante Forschungsarbeiten in einem Labor in Wuhan hin.[27)] Berichten zufolge haben die Mitarbeiter des Labors möglicherweise nicht immer die gesamte Schutzausrüstung verwendet, und in einem Fall urinierte eine Fledermaus auf einen Forscher.

Es wird auf eine 2013 durchgeführte Studie hingewiesen, die von einem Forscherteam durchgeführt wurde, darunter Dr. Shi, der eine Probe von Fledermauskot aus einer Höhle in der chinesischen Provinz Yunnan sammelte, die später ein mit SARS-CoV-2 fast identisches Virus (96,2 Prozent) enthielt, das Virus, das COVID-19 verursacht. Das Forschungsdossier verweist auch auf Arbeiten des Teams zur Synthese von SARS-ähnlichen Coronaviren, um zu analysieren, ob sie von Fledermäusen auf Säugetiere übertragbar sind. Dies bedeute, dass sie Teile des Virus veränderten, um zu testen, ob es auf verschiedene Arten übertragbar war.

In der Studie der Wissenschaftler heißt es:

»To examine the emergence potential (that is, the potential to infect humans) of circulating bat CoVs, we built a chimeric virus encoding a novel, zoonotic CoV spike protein — from the RsSHCO14-CoV sequence that was isolated from Chinese horseshoe bats — in the context of the SARS-CoV mouse-adapted backbone.«[28)]

(Um das Entstehungspotential [d.h. das Infektionspotential des Menschen] von zirkulierenden Fledermaus-CoVs zu untersuchen, haben wir ein chimäres Virus aufgebaut, das ein

neuartiges zoonotisches CoV-Kreuz-Protein codiert - aus der RsSHCO14-CoV-Sequenz, die aus chinesischen Hufeisenfledermäusen isoliert wurde im Kontext des an die SARS-CoV-Maus angepassten Rückgrats). Ihre im November 2015 in Zusammenarbeit mit der *University of North Carolina* durchgeführte Studie kam zu dem Schluss, dass das SARS-ähnliche Virus direkt von Fledermäusen auf Menschen übertragen werden kann und es keine Behandlung gibt, die helfen könnte. Die Studie erkennt die unglaubliche Gefahr der von ihnen durchgeführten Arbeit an.

»Dieses Virus ist hoch pathogen und Behandlungen, die 2002 gegen das ursprüngliche SARS-Virus entwickelt wurden, und die zur Bekämpfung von Ebola verwendeten ZMapp-Medikamente können dieses spezielle Virus nicht neutralisieren und kontrollieren.«[29)]

»Das Potenzial zur Vorbereitung und Minderung künftiger Ausbrüche muss gegen das Risiko abgewogen werden, gefährlichere Krankheitserreger zu erzeugen«, schreiben sie.[30)]

Zur Sicherheit des WIV-Labors liegt ein Telegramm vom 19. Januar 2018 vor, welches die *Washington Post* erhielt. Daraus geht hervor, dass Wissenschaftler und Diplomaten der US-Botschaft in Peking das Labor besuchten und bereits 2018 Washington vor unzureichenden Sicherheitspraktiken und Managementschwächen warnten.

»During interactions with scientists at the WIV laboratory, they noted the new lab has a serious shortage of -appropriately trained technicians and investigators needed to safely operate this high-containment laboratory.«[31)]

(Während der Interaktionen mit Wissenschaftlern des WIV-Labors stellten sie fest, dass das neue Labor einen ernsthaften Mangel an entsprechend ausgebildeten Technikern und Forschern aufweist, die für den sicheren Betrieb dieses Labors mit hohem Sicherheitsgehalt erforderlich sind.)

In einer hitzigen Auseinandersetzung um die Herkunft des Virus zwischen US-Präsident Donald Trump, China, und der *Weltgesundheitsorganisation (WHO)* – die er mit einer *»PR-Agentur für China«* verglich – bemängelte Trump den Umgang der WHO mit den Fehlern in China am 01.05.2020:

»Sie sollten keine Entschuldigungen dafür vorbringen, wenn Menschen furchtbare Fehler begehen.«[32]

Prompt reagierte die *WHO* und bat um eine *»Einladung«* nach China. Deren Sprecher, Tarik Jasarevic, verkündete daraufhin gegenüber der Nachrichtenagentur *AFP*:

»Die WHO würde gerne mit internationalen Partnern zusammenarbeiten und sich auf Einladung der chinesischen Regierung an Untersuchungen zur tierischen Herkunft des Virus beteiligen.«[33]

China reagierte laut *Ärzteblatt* und will nach eigenen Angaben eine von der WHO geleitete ***»Untersuchung der globalen Reaktion auf die Coronaviruspandemie«*** unterstützen, nachdem das Virus besiegt sei, so eine Sprecherin des Außenministeriums in Peking.

»China betonte zugleich, dass jegliche Untersuchung auf internationalen Gesundheitsrichtlinien basieren und von der Weltgesundheitsversammlung oder dem Exekutivrat - den beiden Hauptorganen der WHO - genehmigt werden müsse. Hua [Chunying]*sagte nicht, dass die Untersuchung die Herkunft des Virus erforschen solle.«*[34]

Bis heute ist es nicht bewiesen, dass das Virus Sars-CoV-2 aus einem der Laobor in Wuhan entwichen ist, umgekehrt ist es nach wie vor auch nicht ausgeschlossen. Eben so wenig ist es bewiesen, dass die Arbeiten in den Laboren mit dem Sars-CoV-2-Virus militärischen Zwecken dient. Auch dies ist nach wie vor nicht endgültig ausschließbar.

Chronologisches

16. November 2002

Ausgehend von der Provinz Guandong in China infizierten sich bis Juli 2003 in 37 Ländern insgesamt 8094 Menschen mit SARS-CoV-1, von denen 774 starben.

30. April 2004

Nachdem die *WHO* die SARS-Epidemie - vom 16. November 2002 bis 31. Juli 2003 - für beendet erklärt hatte, meldete sie am 30. April 2004 den Tod einer 53-jährigen Frau in China, die an einer Infektion mit SARS-Viren gestorben ist und weitere Menschen, die an SARS erkrankten. Die Frau war Mutter einer 26-jährigen Doktorantin die am *Nationalen Institut für Virologie* in *Peking* (China) geforscht hatte. Untersuchung der Quelle des Ausbruchs konzentrierte sich auf Fehler in der Biosicherheit am *National Institute of Virology* in Peking. Das Institut wurde am 23. April 2004 geschlossen und seine Mitarbeiterinnen und Mitarbeiter wurden isoliert.[35] Dort beschäftigte man sich mit der Forschung an dem SARS-Coronavirus.

9. November 2015

Das *Wuhan Institute of Virology* veröffentlicht eine Studie, aus der hervorgeht, dass im Labor von SARS-CoV ein neues Virus erzeugt wurde.[36]

19. Januar 2018

Wissenschaftler und Diplomaten der US-Botschaft in Peking besuchten das WIV-Labor und warnten 2018 Washington vor unzureichenden Sicherheitspraktiken und Managementschwächen im Institut.

6. Oktober 2019

Lucy van Dorp vom UCL *Genetics Institute, University College London* ermittelte in einer Forschungsarbeit, dass das neue Virus SARS-CoV-2 zwischen dem 6. Oktober 2019 und dem 11. Dezember 2019 auf den Menschen übergesprungen sein soll.

11. November 2019

Die *South China Morning Post* berichtet von einem eventuellen ersten Fall von COVID-19. Dabei berief sich die Zeitung auf Regierungsdokumente. Darin wird die 57-jährige Frau Wei Guixian aus der Provinz Hubei unweit von Wuhan aufgeführt, die auf dem Markt in Wuhan arbeitet und sich am 11. November in ärztliche Behandlung begab.[37)]

1. Dezember 2019

Eine Studie von chinesischen Wissenschaftlern behauptet, die erste Person wurde am 1. Dezember 2019 COVID-19 diagnostiziert und diese Person hatte »keinen Kontakt« mit dem *Huanan Seafood Market*.[38)]

6. Dezember 2019

Fünf Tage nachdem ein Mann, der mit Wuhans Fischmarkt in Verbindung steht, Lungenentzündungssymptome zeigte, erkrankt seine Frau daran und deutet auf eine Übertragung von Mensch zu Mensch hin.[39)]

27. Dezember 2019

Chinas Gesundheitsbehörden berichteten, dass eine neuartige Krankheit, von der damals etwa 180 Patienten betroffen waren, durch ein neues Coronavirus verursacht wurde.

26.-30. Dezember 2019

Hinweise auf neue Viren ergeben sich aus den Patientendaten von Wuhan.

30. Dezember 2019

Der chinesische Arzt Li Wenliang warnte innerhalb einer Chat-Gruppe mit Kollegen angesichts der Häufung von Lungenentzündungen in Wuhan vor einem Virus, der SARS verursache. Nachdem sich die Warnung von Li und seinen Kollegen im Internet verbreitet hatte, wurden er und weitere seiner Kollegen von der Polizei vorgeladen und mussten unter Androhung harter Strafen Schweigepflichtserklärungen unterschreiben.[40)]

31. Dezember 2019

Chinesische Internetbehörden beginnen, Begriffe aus sozialen Medien wie *Wuhan Unknown Pneumonia* zu zensieren.

1. Januar 2020

Acht Wuhan-Ärzte, die vor neuen Viren gewarnt haben, werden festgenommen, darunter Li Wenliang und »gesetzlich behandelt«.

Außerdem berichtete die staatliche Nachrichtenagentur *Xinhua* über die angeblichen »Falschmeldungen« der Ärzte in sozialen Netzwerken und betonte, dass es keine Anzeichen für eine Mensch-zu-Mensch-Übertragung der neuen Erkrankung gebe.[41)]

2. Januar 2020

Die *Hubei-Gesundheitskommission* befahl am 2. Januar 2020 den Genomikunternehmen Tests auf das neue Virus einzustellen und alle Proben zu vernichten.

3. Januar 2020

Die *National Health Commission* – eine führende Gesundheitsbehörde in China - ordnete am 3. Januar 2020 an, Wuhan-Lungenentzündungsproben zu zerstören.

5. Januar 2020

Die *Wuhan Municipal Health Commission* veröffentlicht keine täglichen Updates mehr zu neuen Fällen.

10. Januar 2020

Der PRC-Beamte Wang Guangfa sagt, der Ausbruch sei »unter Kontrolle« und meistens ein »milder Zustand«.

12. Januar 2020

Das Labor von Professor Zhang Yongzhen in Shanghai wird von den Behörden, einen Tag nachdem es zum ersten Mal Genomsequenzdaten mit der Welt geteilt hat, geschlossen.

14. Januar 2020

Ma Xiaowei, Chef der *Nationalen Gesundheitskommission der VR China*, warnt Kollegen privat davor, dass sich das Virus wahrscheinlich zu einem wichtigen Ereignis im Bereich der öffentlichen Gesundheit entwickeln wird.

20. Januar 2020

China bestreitet bis zum 20. Januar 2020, das sich das neue Virus von Mensch zu Mensch übertrage.

24. Januar 2020

Beamte in Peking verhindern, dass das *Wuhan Institute of Virology* Probenisolate mit der University of Texas teilt.

6. Februar 2020

China verschärft die Kontrollen auf Social-Media-Plattformen.

9. Februar 2020

Der Bürgerjournalist und lokale Geschäftsmann Fang Bin verschwindet.

17. April 2020

Wuhan erhöht verspätet seine offiziellen Todesfälle um 1290.

Juni 2020

Dem früheren Chef des britischen Geheimdienstes MI6, Sir Richard Dearlove, hat ein Bericht vorgelegen, laut dem das Virus SARS-CoV-2 *»nicht natürlich entstanden sei, sondern von chinesischen Wissenschaftlern künstlich hergestellt wurde«*. Er beruft sich dabei auf Forschungsergebnisse von Angus Dalgleish vom St. George's Hospital der Universität London und dem norwegischen Virologen Birger Sørensen. Die Forscher sollen festgestellt haben, dass in der genetischen Sequenz von SARS-CoV-2 Hinweise seien, die darauf hinweisen, dass Schlüsselelemente »eingefügt« wurden und sich möglicherweise nicht natürlich entwickelt haben. [42)]

Juli 2020

Der französische Friedensnobelpreisträger für Medizin, Luc Montagnier, und Mitentdecker des HI-Virus ist der Überzeugung, das SARS-CoV-2 eindeutig Merkmale menschlicher Manipulationen in sich trage: »Es ist die Arbeit eines Profis, eines Molekularbiologen, wie die gute Arbeit eines Uhrmachers«. Laut Montagnier seien Teile des HIV-Erbgutes in dem neuartigen Coronavirus zu finden, das könne nicht auf natürlichem Wegen geschehen seien.[43)]

September 2020

Die aus Hong Kong geflohene Virologin Lee-Meng Yan behauptet als eine der ersten Wissenschaftlerinnen der Welt 2019 das neuartige Coronavirus untersucht zu haben. Im US-Sender Fox behauptete sie: *»SARS-Cov-2 sei nicht nur* *künstlich hergestellt, sondern auch absichtlich freigelassen worden.«*[44]

November 2020

Während Europa, die USA, Südamerika und der Rest der Welt mit einer sogenannten »Zweiten Welle« an Neuinfektionen zu kämpfen haben - am 16. November 2020 ca. eine halbe Million - liegt die entsprechende Zahl der Infektionen in China und Hong Kong fast bei null.

»Die möglichen Ursprünge des 2019-nCoV Coronavirus«

Veröffentlichung von Botao Xiao (*Joint International Research Laboratory of Synthetic Biology and Medicine, School of Biology and Biological Engineering, South China University of Technology*, Guangzhou 510006, China und *School of Physics, Huazhong University of Science and Technology*, Wuhan 430074, China) und sein Co-Autor Lei Xiao (Tian You Hospital, *Wuhan University of Science and Technology*, Wuhan 430064, China). Diese wurde auf dem Forschungsportal *ResearchGate* vom 6. Februar 2020 und nach Veröffentlichung gelöscht.

»Das 2019-nCoV-Coronavirus hat eine Epidemie von 28.060 im Labor bestätigten Infektionen beim Menschen verursacht, darunter 564 Todesfälle in China bis zum 6. Februar 2020. Zwei in dieser Woche auf „Nature" veröffentlichte Beschrei-

bungen des Virus zeigten, dass die Genomsequenzen von Patienten 96% oder mehr betrugen, 89% identisch mit dem ursprünglich in Rhinolophus affinis[1,2] gefundenen Bat CoV ZC45 Coronavirus. Es war wichtig zu untersuchen, woher der Erreger kam und wie er auf den Menschen überging.

Ein auf „The Lancet" veröffentlichter Artikel berichtete, dass bei 41 Menschen in Wuhan das akute respiratorische Syndrom festgestellt wurde und 27 von ihnen Kontakt zum Huanan Seafood Market hatten.[3] Das 2019-nCoV wurde in 33 von 585 Proben gefunden, die nach dem Ausbruch auf dem Markt gesammelt wurden. Der Markt war verdächtig, der Ursprung der Epidemie zu sein, und wurde gemäß der Regel der Quarantäne der Quelle während einer Epidemie geschlossen.

Die Fledermäuse mit CoV ZC45 wurden ursprünglich in Yunnan oder der Provinz Zhejiang gefunden, die beide mehr als 900 Kilometer vom Fischmarkt entfernt waren. Fledermäuse lebten normalerweise in Höhlen und Bäumen. Der Fischmarkt befindet sich jedoch in einem dicht besiedelten Stadtteil von Wuhan, einer Metropole mit etwa 15 Millionen Einwohnern. Die Wahrscheinlichkeit, dass die Fledermäuse zum Markt fliegen, war sehr gering. Laut kommunalen Berichten und den Aussagen von 31 Einwohnern und 28 Besuchern war die Fledermaus nie eine Nahrungsquelle in der Stadt, und es wurde keine Fledermaus auf dem Markt gehandelt. Es gab eine mögliche natürliche Rekombination oder einen Zwischenwirt des Coronavirus, es wurden jedoch nur wenige Beweise angeführt.

Gab es einen anderen möglichen Weg? Wir untersuchten die Umgebung des Meeresfrüchtemarktes und identifizierten zwei Laboratorien, die Untersuchungen zum Fledermaus-Coronavirus durchführen. Nur 280 Meter vom Markt entfernt befand sich das Wuhan Center for Disease Control & Prevention (WHCDC)[...]. Das WHCDC beherbergte Tiere zu Forschungszwecken in Laboratorien, von denen eines auf die Sammlung und Identifizierung von Krankheitserregern spezialisiert war.[4-6] *In einer ihrer Studien wurden 155 Fledermäuse, einschließlich Rhinolophus affinis, in der Provinz Hubei und weitere 450 Fledermäuse in der Provinz Zhejiang gefangen.*[4] *Der Experte der Sammlung wurde in den Autorenbeiträgen (JHT) vermerkt. Darüber hinaus wurde er für das Sammeln von Viren, in landesweiten Zeitungen und Websites in den Jahren 2017 und 2019 erwähnt.*[7,8] *Er beschrieb, dass er einmal von Fledermäusen angegriffen wurde und das Blut einer Fledermaus auf seine Haut schoss. Er kannte die extreme Gefahr der Infektion und stellte sich 14 Tage lang unter Quarantäne.*[7] *Bei einem anderen Unfall stellte er sich erneut unter Quarantäne, weil Fledermäuse auf ihn urinierten. Er war einmal begeistert, eine Fledermaus mit einer lebenden Zecke gefangen zu haben.*[8]

Die Käfigtiere wurden operiert und die Gewebeproben wurden zur DNA- und RNA-Extraktion und -Sequenzierung gesammelt.[4,5] *Die Gewebeproben und kontaminierten Abfälle waren eine Quelle von Krankheitserregern. Sie waren nur ~ 280 Meter vom Fischmarkt entfernt. Das WHCDC befand sich auch neben dem Union Hospital* [...], *in dem die erste Gruppe von Ärzten während dieser Epidemie infiziert war. Es ist plausibel, dass das Virus herumgesickert ist und einige von ihnen die ersten Patienten in dieser Epidemie kontaminiert haben, obwohl in zukünftigen Studien solide Beweise erforderlich sind.*

Das zweite Labor befand sich ca. 12 km vom Fischmarkt entfernt und gehörte dem Wuhan-Institut für Virologie der Chinesischen Akademie der Wissenschaften.[1,9,10] *Dieses*

Labor berichtete, dass die chinesischen Hufeisenfledermäuse natürliche Reservoire für das schwere Coronavirus mit akutem respiratorischem Syndrom (SARS -CoV) waren, das die Pandemie 2002-2003 verursachte.[9] Der Hauptforscher beteiligte sich an einem Projekt, bei dem ein chimäres Virus unter Verwendung des SARS-CoV-Reverse-Genetics-Systems erzeugt wurde und berichtete über das Potenzial für das Auftreten bei Menschen.[10] Eine direkte Spekulation war, dass SARS-CoV oder sein Derivat aus dem Labor [ausgetreten sein könnten].

Zusammenfassend war jemand in die Entwicklung des 2019-nCoV-Coronavirus verwickelt. Zusätzlich zu den Ursprüngen der natürlichen Rekombination und des Zwischenwirts stammte das Killer-Coronavirus wahrscheinlich aus einem Labor in Wuhan. Das Sicherheitsniveau muss möglicherweise in biologisch gefährlichen Labors mit hohem Risiko erhöht werden. Es können Vorschriften erlassen werden, um diese Laboratorien weit weg vom Stadtzentrum und anderen dicht besiedelten Orten zu verlegen.

Mitwirkende

BX entwarf den Kommentar und führte eine Literaturrecherche durch. Alle Autoren führten Datenerfassung und -analyse durch, sammelten Dokumente, zeichneten die Skizze und schrieben die Texte.

Danksagung

Diese Arbeit wird von der National Natural Science Foundation of China (11772133, 11372116) unterstützt.

Interessenerklärung

Alle Autoren erklären keine konkurrierenden Interessen.«

Das Quellenverzeichnis befindet sich am Ende des englischen Originaltextes.

Der englische Originaltext:

»The 2019-nCoV coronavirus has vaused an epidemic of 28.060 laboratory-confirmed infections in human including 564 deaths in China by February 6, 2020. Two descriptions of the virus published on Nature this week indicated that the genome sequences from patients were 96% or 89% identical to the Bat CoV ZC45 coronavirus originally found in Rhinolophus affinis [1,2]. It was critical to study where the pathogen came from and how it passed onto human.

An article published on The Lancet reported that 41 people in Wuhan were found to have the acute respiratory syndrome and 27 of them had contact with Huanan Seafood Market [3]. The 2019-nCoV was found in 33 out of 585 samples collected in the market after the outbreak. The market was suspicious to be the origin of the epidemic, and was shut down according to the rule of quarantine the source during an epidemic.

The bats carrying CoV ZC45 were originally found in Yunnan or Zhejiang province, both of which were more than 900 kilometers away from the seafood market. Bats were normally found to live in caves and trees. But the seafood market is in a densely-populated district of Wuhan, a metropolitan of ~15 million people. The probability was very low for the bats to fly to the market. According to municipal reports and the testimonies of 31 residents and 28 visitors, the bat was never a food source in the city, and no bat was traded in the market. There was possible natural recombination or intermediate host of the coronavirus, yet little proof has been reported.

Was there any other possible pathway? We screened the area around the seafood market and identified two laboratories conducting research on bat coronavirus. Within ~280 meters from the market, there was the Wuhan Center for Disease Control & Prevention (WHCDC)[...]. WHCDC hosted animals in laboratories for research purpose, one of which was specialized in pathogens collection and identification [4-6]. In one of their studies, 155 bats including Rhinolophus affinis were captured in Hubei province, and other 450 bats were captured in Zhejiang province[4]. The expert in collection was noted in the Author Contributions (JHT). Moreover, he was broadcasted for collecting viruses on nation-wide newspapers and websites in 2017 and 2019[7,8]. He described that he was once by attacked by bats and the blood of a bat shot on his skin. He knew the extreme danger of the infection so he quarantined himself for 14 days[7]. In another accident, he quarantined himself again because bats peed on him. He was once thrilled for capturing a bat carrying a live tick.[8]

Surgery was performed on the caged animals and the tissue samples were collected for DNA and RNA extraction and sequencing.[4, 5] The tissue samples and contaminated trashes were source of pathogens. They were only ~280 meters from the seafood market. The WHCDC was also adjacent to the Union Hospital [...] *where the first group of doctors were infected during this epidemic. It is plausible that the virus leaked around and some of them contaminated the initial patients in this epidemic, though solid proofs are needed in future study.*

The second laboratory was ~12 kilometers from the seafood market and belonged to Wuhan Institute of Virology, Chinese Academy of Sciences.[1,9,10] This laboratory reported that the Chinese horseshoe bats were natural reservoirs for the severe acute respiratory syndrome coronavirus (SARS-CoV) which caused the 2002-3 pandemic.[9] The principle investigator participated in a project which generated a chimeric virus using the SARS-CoV reverse genetics system, and reported the potential for human emergence.[10] A direct speculation was that SARS-CoV or its derivative might leak from the laboratory.

In summary, somebody was entangled with the evolution of 2019-nCoV coronavirus. In addition to origins of natural recombination and intermediate host, the killer coronavirus probably originated from a laboratory in Wuhan. Safety level may need to be reinforced in high risk biohazardous laboratories. Regulations may be taken to relocate these laboratories far away from city center and other densely populated places.

Contributors

BX designed the comment and performed literature search. All authors performed data acquisition and analysis, collected documents, draw the figure, and wrote the papers.

Acknowledgements

This work is supported by the National Natural Science Foundation of China (11772133, 11372116).

Declaration of interests

All authors declare no competing interests.

References

1. Zhou P, Yang X-L, Wang X-G, et al. A pneumonia outbreak associated with a new coronavirus of probable bat origin. Nature 2020. https://doi.org/10.1038/s41586-020-2012-7.

2. Wu F, Zhao S, Yu B, et al. A new coronavirus associated with human respiratory disease in China. Nature 2020. https://doi.org/10.1038/s41586-020-2008-3.

3. Huang C, Wang Y, Li X, et al. Clinical features of patients infected with 2019 novel coronavirus in Wuhan, China. The Lancet 2019. https://doi.org/10.1016/S0140- 6736(20)30183-5.

4. Guo WP, Lin XD, Wang W, et al. Phylogeny and origins of hantaviruses harbored by bats, insectivores, and rodents. PLoS pathogens 2013; 9(2): e1003159.

5. Lu M, Tian JH, Yu B, Guo WP, Holmes EC, Zhang YZ. Extensive diversity of rickettsiales bacteria in ticks from Wuhan, China. Ticks and tick-borne diseases 2017; 8(4): 574-80.

6. Shi M, Lin XD, Chen X, et al. The evolutionary history of vertebrate RNA viruses. Nature 2018; 556(7700): 197-202.

7. Tao P. Expert in Wuhan collected ten thousands animals: capture bats in mountain at night. Changjiang Times 2017.

8. Li QX, Zhanyao. Playing with elephant dung, fishing for sea bottom mud: the work that will change China's future. thepaper 2019.

9. Ge XY, Li JL, Yang XL, et al. Isolation and characterization of a bat SARS-like coronavirus that uses the ACE2 receptor. Nature 2013; 503(7477): 535-8.

10. Menachery VD, Yount BL, Jr., Debbink K, et al. A SARS-like cluster of circulating bat coronaviruses shows potential for human emergence. Nature medicine 2015; 21(12): 1508-13.«

Quellenverzeichnis zur Abhandlung über Corona

1) sciencedirect.com, 5. Mai 2020, https://www.sciencedirect.com/science/article/pii/S1567134820301829#!, abgerufen am 12.05.2020

2) n-tv.de, 22. April 2020, https://www.n-tv.de/wissen/Koennte-Coronavirus-aus-Labor-stammen-article21731664.html, abgerufen am 13.05.2020

2.1) www.correktiv.org, 28. Januar 2020, https://correctiv.org/faktencheck/medizin-und-gesundheit/2020/01/28/keine-belege-dass-ein-markt-mit-exotischen-tieren-in-wuhan-der-ursprung-des-neuen-coronavirus-war, abgerufen am 19.05.2020

3) Nature – International weekly journal of science, , 22. Februar 2017, https://translate.googleusercontent.com/translate_c?depth=1&hl=de&prev=search&rurl=translate.google.de&sl=en&sp=nmt4&u=https://www.nature.com/news/inside-the-chinese-lab-poised-to-study-world-s-most-dangerous-pathogens-1.21487&usg=ALkJrhghefulRBvlT3DGAfl-CnOLfNQ46g, abgerufen am 11.05.2020

4) Daily Mail online, Associated Newspapers Ltd, Northcliffe House, 2 Derry Street London W8 5TT, United Kingdom, am 12. April 2020, https://www.dailymail.co.uk/news/article-8211257/Wuhan-lab-performing-experiments-bats-coronavirus-caves.html , abgerufen am 10.05.2020

5) The Washington Times, The Washington Times, LLC, 3600 New York Avenue NE, Washington, DC 20002, Sonntag 26. Januar 2020, https://www.washingtontimes.com/news/2020/jan/26/coronavirus-link-to-china-biowarfare-program-possi/, abgerufen am 10.05.2020

6) The Washington Times, The Washington Times, LLC, 3600 New York Avenue NE, Washington, DC 20002, Sonntag 26. Januar 2020, https://www.washingtontimes.com/news/2020/jan/26/coronavirus-link-to-china-biowarfare-program-possi/, abgerufen am 10.05.2020

7) The Washington Times, The Washington Times, LLC, 3600 New York Avenue NE, Washington, DC 20002, Sonntag 26. Januar 2020, https://www.washingtontimes.com/news/2020/jan/26/coronavirus-link-to-china-biowarfare-program-possi/, abgerufen am 10.05.2020

8) Besacenter.org, Begin-Sadat Center for Strategic Studies, Bar-Ilan University, Building 109, Ramat Gan 5290002, Israel, https://besacenter.org/wp-content/uploads/2019/02/Dr-Dany-Shoham-CV-1.pdf, abgerufen am 10.05.2020

9) Der Tagesspiegel 5. Dezember 2017, https://www.tagesspiegel.de/wissen/pandemieforschung-sars-virus-kam-aus-einer-hoehle-in-china/20673408.html, abgerufen am 12.05.2020

10) Plos Pathogens, 30. November 2017, https://journals.plos.org/plospathogens/article?id=10.1371/journal.ppat.1006698, abgerufen am 10.05.2020

11) Nature.com, 22. Februar 2017, https://www.nature.com/news/inside-the-chinese-lab-poised-to-study-world-s-most-dangerous-pathogens-1.21487, abgerufen am 10.05.2020

12) The Washington Times, The Washington Times, LLC, 3600 New York Avenue NE, Washington, DC 20002, Sonntag 26. Januar 2020, https://www.washingtontimes.com/news/2020/jan/

26/coronavirus-link-to-china-biowarfare-program-possi/, abgerufen am 10.05.2020

13) Der Tagesspiegel, 7. Mai 2020, https://www.tagesspiegel.de/politik/kritiker-verschwinden-die-eu-wird-vorgefuehrt-so-dreist-vertuscht-china-die-urspruenge-von-corona/25809708.html, abgerufen am 10.05.2020

14) Der Tagesspiegel, 7. Mai 2020, https://www.tagesspiegel.de/politik/kritiker-verschwinden-die-eu-wird-vorgefuehrt-so-dreist-vertuscht-china-die-urspruenge-von-corona/25809708.html , abgerufen am 10.05.2020

15) Der Tagesspiegel, 7. Mai 2020, https://www.tagesspiegel.de/politik/kritiker-verschwinden-die-eu-wird-vorgefuehrt-so-dreist-vertuscht-china-die-urspruenge-von-corona/25809708.html, abgerufen am 10.05.2020

16) T-online.de, 17.02.2020, https://www.t-online.de/nachrichten/panorama/id_87347722/coronavirus-forscher-verdaechtigt-fledermaus-labor-neben-wuhan-fischmarkt.html, abgerufen am 11.05.2020

17) Spiegel.de, 17.04.2020, https://www.spiegel.de/politik/ausland/coronavirus-ursprung-in-wuhan-labors-als-geruechtekuechen-a-564ffc03-d3c2-4ed9-853d-b38f96acc79a , abgerufen am 10.05.2020

18) Spiegel.de, 17.04.2020, https://www.spiegel.de/politik/ausland/coronavirus-ursprung-in-wuhan-labors-als-geruechtekuechen-a-564ffc03-d3c2-4ed9-853d-b38f96acc79a , abgerufen am 10.05.2020

[19] n-tv.de, 3. Mai 2020, https://www.n-tv.de/politik/Geheimdienste-werfen-China-Vertuschung-vor-article21755577.html, abgerufen am 10.05.2020

[20] n-tv.de, 3. Mai 2020, https://www.n-tv.de/politik/Geheimdienste-werfen-China-Vertuschung-vor-article21755577.html, abgerufen am 10.05.2020

[21] The Daily Telegraph, 4. Mai 2020, https://www.dailytelegraph.com.au/coronavirus/bombshell-dossier-lays-out-case-against-chinese-bat-virus-program/news-story/55add857058731c9c71c0e96ad17da60, abgerufen am 13.05.2020

[22] n-tv.de, 3. Mai 2020, https://www.n-tv.de/politik/Geheimdienste-werfen-China-Vertuschung-vor-article21755577.html, abgerufen am 10.05.2020

[23] n-tv.de, 3. Mai 2020, https://www.n-tv.de/politik/Geheimdienste-werfen-China-Vertuschung-vor-article21755577.html, abgerufen am 10.05.2020

[24] n-tv.de, 3. Mai 2020, https://www.n-tv.de/politik/Geheimdienste-werfen-China-Vertuschung-vor-article21755577.html, abgerufen am 10.05.2020

[25] n-tv.de, 3. Mai 2020, https://www.n-tv.de/politik/Geheimdienste-werfen-China-Vertuschung-vor-article21755577.html, abgerufen am 10.05.2020

[26] The Daily Telegraph, 4. Mai 2020, https://www.dailytelegraph.com.au/coronavirus/bombshell-dossier-lays-out-case-against-chinese-bat-virus-program/news-story/55add857058731c9c71c0e96ad17da60, abgerufen am 13.05.2020

27) n-tv.de, 3. Mai 2020, https://www.n-tv.de/politik/Geheimdienste-werfen-China-Vertuschung-vor-article21755577.html, abgerufen am 10.05.2020

28) The Daily Telegraph, 4. Mai 2020, https://www.dailytelegraph.com.au/coronavirus/bombshell-dossier-lays-out-case-against-chinese-bat-virus-program/news-story/55add857058731c9c71c0e96ad17da60, abgerufen am 13.05.2020

29) The Daily Telegraph, 4. Mai 2020, https://www.dailytelegraph.com.au/coronavirus/bombshell-dossier-lays-out-case-against-chinese-bat-virus-program/news-story/55add857058731c9c71c0e96ad17da60, abgerufen am 13.05.2020

30) The Daily Telegraph, 4. Mai 2020, https://www.dailytelegraph.com.au/coronavirus/bombshell-dossier-lays-out-case-against-chinese-bat-virus-program/news-story/55add857058731c9c71c0e96ad17da60, abgerufen am 13.05.2020

31) The Daily Telegraph, 4. Mai 2020, https://www.dailytelegraph.com.au/coronavirus/bombshell-dossier-lays-out-case-against-chinese-bat-virus-program/news-story/55add857058731c9c71c0e96ad17da60, abgerufen am 13.05.2020

32) Frankfurter Allgemeine Zeitung, FAZ.net, 01. Mai 2020, aktualisiert um 3:00 Uhr, https://www.faz.net/aktuell/politik/trumps-praesidentschaft/trump-hinweise-auf-virus-ursprung-in-labor-in-china-16749538.html, abgerufen am 13.05.2020

33) Frankfurter Rundschau, fr.de, 02.05.2020, aktualisiert um 7:28 Uhr, https://www.fr.de/panorama/corona-krise-virus-wuhan-china-who-ursprung-untersuchung-zr-13611654.html, abgerufen am 13.05.2020

34) Ärzteblatt.de, 9. Mai 2020, https://www.aerzteblatt.de/nachrichten/112699/China-will-internationale-Untersuchung-zu-globaler-Coronaausbruch-unterstuetzen, abgerufen am 13.05.2020

35) who.int, 30. April 2020, https://www.who.int/csr/don/2004_04_30/en/, abgerufen am 13.05.2020

36) The Daily Telegraph, 4. Mai 2020, https://www.dailytelegraph.com.au/coronavirus/bombshell-dossier-lays-out-case-against-chinese-bat-virus-program/news-story/55add857058731c9c71c0e96ad17da60, abgerufen am 13.05.2020

37) Dailystar, 27. März 2020, https://www.dailystar.co.uk/news/world-news/wuhan-market-worker-said-coronavirus-21767061, abgerufen am 14.05.2020

38) abc.net, 23. April 2020, https://www.abc.net.au/news/2020-04-23/how-coronavirus-went-from-patient-zero-to-the-world/12165336, abgerufen am 14.05.2020

39) The Daily Telegraph, 4. Mai 2020, https://www.dailytelegraph.com.au/coronavirus/bombshell-dossier-lays-out-case-against-chinese-bat-virus-program/news-story/55add857058731c9c71c0e96ad17da60, abgerufen am 13.05.2020

40) bbc.vom, 6. Februar 2020, https://www.bbc.com/news/world-asia-china-51364382, abgerufen am 14.05.2020

[41] Nachrichtenagentur Xinhua, 1. Januar 2020, http://www.xinhuanet.com/legal/2020-01/01/c_1125412773.htm, abgerufen am 14.05.2020

[42] Cicero 4. Juni 2020, https://www.cicero.de/aussenpolitik/exklusiv-bericht-mi6-chef--corona-china-labor, abgerufen am 16.11.2020

[43] Kurier.at, 23. September 2020, https://kurier.at/wissen/wissenschaft/coronavirus-im-labor-gezuechtet-forscher-halten-dagegen/401041457, abgerufen am 16.11.2020

[44] Kurier.at, 13. Mai 2020, https://kurier.at/politik/ausland/das-corona-virus-kehrt-nach-wuhan-zurück-und-seine-spur-fuehrt-in-ein-labor/400840838, abgerufen am 16.11.2020

Das verdammte Virus

von

Wolf Bertling und Stefan Rohmer

Das Virus SARS-CoV2 und seine Immunologie

Das Virus SARS-CoV2 — wenn Ihnen jemand mit „der" Virus kommt, so sollten Sie wissen, dass er weder Virologe, Mediziner oder Biologe ist (oder zumindest kein guter) und die formulierten „Wahrheiten" mit Vorsicht zu genießen sind.

Viren können sich nur innerhalb einer Zelle vermehren. Sie kommen auf allen Ebenen des Lebens vor: bei Prokaryoten (zelluläre Lebewesen ohne Zellkern) und ein- und mehrzelligen Eukaryoten *(mit Zellkern)*.

Viren werden von einigen Wissenschaftlern nicht zu den Lebewesen gezählt, was man für ungerechtfertigt halten kann, da sie sehr wohl alle Merkmale einer lebendigen Zelle aufweisen, nur jedoch unter speziellen Bedingungen, nämlich im Inneren ihrer Wirtszelle. (*Dasselbe gilt aber auch für obligat intrazelluläre Bakterien, die übereinstimmend zu den Lebewesen gezählt werden.*)

Viren sind also nach unserer Ansicht auch Lebewesen. Sie bestehen in der Regel aus: Nukleinsäuren (*die ihre Erbinformationen tragen*), einem Kapsid (*einer Eiweißschutzhülle mit wohl auch funktionellen Eigenschaften*) und einer Membran-Hülle, die in erster Linie für die Aufnahme in Wirtszellen verantwortlich ist.

Im Falle von SARS-CoV 2 handelt es sich bei der viralen Nukleinsäure um +ssRNA. Das ist die Kurzbezeichnung für Positivstrang einzelsträngige Ribonukleinsäure.

(*Bei der normalen Übersetzung von genetischer Information (DNA) wird in einem ersten Schritt einer z.B. menschlichen Zelle ein positiv-Strang an RNA im Kern der Zelle hergestellt (Transkription, Umschreibung), der dann aus dem Kern in das Zellinnere (Cytoplasma) gelangt, an Ribosomen, einer Eiweißsyntheseeinheit, an der entsprechend der Vorgabe der RNA funktionelle und strukturelle Proteine, Eiweißmoleküle, hergestellt werden (Translation, Übersetzung).*)

Das Coronavirus trägt folglich eine fertige RNA in sich, die alle Informationen für seine Vermehrung enthält. Dies beinhaltet Polymerasen, die große Mengen an weiteren Kopien dieser RNA selbst herstellen, Strukturproteine, die für diese Kopien Kapside bereitstellen und die Kopien darin verpacken, funktionelle Proteine, die mit zellulären Informationsträger interagieren, um den zelleigenen Stoffwechsel zu unterdrücken, und weitere Steuerungselemente.

Eine der ersten Maßnahmen des Virus in der aufnehmenden Zelle ist die Unterdrückung der zelleigenen Proteinsynthese. Das bedeutet aber auch, dass Identifikationsmoleküle, die die

Zelle als „Selbst“, als zum Organismus gehörig, zertifizieren, nicht mehr hergestellt werden. Das ist wichtig u.a. für die unspezifische Immunantwort (s.u.).

Zum Schluss wird die in Kapside verpackte virale RNA in eine zelleigene funktionelle Membran (*endoplasmatisches Retikulum, ER*) eingehüllt. Dieses fertige Viruspartikel wird dann in einem der Infektion, dem Aufnahmevorgang (*Endozytose*), entgegengesetzten Vorgang vor allem in die Kapillaren der Körperflüssigkeiten freigesetzt (*Exozytose*).

Die Produktion und das Freisetzen der neu erzeugten Viren und die Unterbindung des eigenen Stoffwechsels der betroffenen Zelle führt zum Absterben der Zelle, zu deren Lyse, also der Auflösung der Zellmembran, zu deren nekrotischen Tod und Zerfall. Das Absterben geschieht von außen nach innen - zuletzt zerfällt der Zellkern.

Das führt zu den eigentlichen Problemen für den Patienten, denn so werden große Mengen an unzerstörter DNA zusammen mit dem Zellschrott freigesetzt und verstopfen so die kleinlumigen Alveolen der Lunge, die „Luftsäckchen der Lunge“ in denen der Austausch von Kohlendioxid und Sauerstoff geschieht. Diese „Kapillaren“ haben ein sehr kleines Querschnittsvolumen.

Ist in der Lunge erst, mal Brei, ist der ganze Spaß vorbei.

Die neuen Viren docken nun erneut an Zellen an, und zwar an solchen, die ACE-2 Rezeptoren und mögliche weitere Rezeptoren tragen. Solche Rezeptoren finden sich in sehr vielen Organen, vor allem in der Lunge, aber auch in der Niere, im Darm, eigentlich an allen Geweben, an denen das Enzym „angiotensin converting enzyme (ACE)“ andocken muss, um Wasserhaushalt und Blutdruck zu regulieren. Die neuen Viren werden nun von diesen Zellen aufgenommen in einem Vorgang, der als *Endozytose* bezeichnet wird. Sie setzen in mehreren Schritten die virale RNA am ER frei und der Zyklus beginnt von neuem.

Vor diesem Hintergrund ergibt sich eine sehr einfache Schlussfolgerung: Wer keine oder geringe Symptome aufweist, produziert auch keine oder nur sehr wenig Viren. Nachdem nun aber Kinder in aller Regel nicht ernsthaft an dieser Erkrankung (CoViD-19) leiden, vermögen sie das Virus bestenfalls in einer Minderdosis weiterzugeben. Und dies führt dazu, dass Kontaktpersonen auch nur mit einer Minderdosis infiziert werden. Sie „sehen" also das Virus, erkranken aber nicht. **Eine Masken- und Abstandspflicht konterkariert diese natürliche Durchseuchung, verhindert die Ausbildung einer Herdenimmunität und stellt damit mittelfristig eine Gefahr für die Gesundheit aller dar.**

Das zeigt sich auch darin, dass Länder ohne Maskenpflicht im Vergleich zu anderen Ländern mit unterschiedlich rigider Maskenpflicht eine niedrigere Infektionsrate (gemessen als positive PCR-Tests) aufweisen und vor allem eine deutlich niedrigere Todesrate auf eine Million Bevölkerung. Das belegt, dass eine zugelassene Durchseuchung mit größtenteils symptomfreien oder -armen Verläufen aufgrund von sehr leichten oder Minderinfektionen der Ausbildung einer Herdenimmunität förderlich ist. Die Unterdrückung der Ausbildung einer Herdenimmunität durch Kontaktbeschränkungen, Masken und *social distancing,* was also eher antisozial ist und „antisocial distancing" heißen sollte, verlängern also nur die Dauer von Infektionsgefahren (s. auch weiter unten).

Damit soll aber auf keinen Fall gesagt werden, dass nicht für bestimmte Personen, etwa immunkompromittierte, an bedrohlichen Vorerkrankungen leidende oder sehr Alte, **die geschützt werden wollen,** eine abweichende Behandlung und Schutzmaßnahmen, in Frage kommen.

Jemand, der viele Viren produziert, zeigt auch viele Symptome, weil es einen krank macht, wenn ständig Gewebszellen zerstört werden. Wenn jemand wenig Symptome zeigt, so produziert er auch wenige oder gar keine Viren. Diese Person kann sogar für sein Umfeld sehr positiv wirken, denn sie infiziert dieses mit Niedrigdosen an Viren, die nicht ausreichen eine Erkrankung auszulösen, und lehrt seine Kontakte, Familie, oder Arbeitskollegen, „mit dem Virus zu leben“, da diese auf Grund der Minderinfektion ebenfalls das Virus „sehen“, ohne zu erkranken. Das nennen wir Herdenimmunität. Sollten die derart exponierten Personen später noch mit einer größeren Menge an Viren konfrontiert werden, werden sie weniger gravierende Symptome entwickeln, als ohne das Vorab-Training. Infizierte, die gar keine Symptome zeigen, dürften auch nicht viel zu einer Immunisierung ihres Umfeldes beitragen, höchstens während des Anfangsstadiums bis deren Immunsystem die aufgenommenen Erreger ganz entfernt hat. Hier sind auch die zwei Grundabwehrsysteme zu unterscheiden (s. unten: Immunologie).

Diejenigen, die auf Grund ihrer IgA-Konstitution, eine weitgehend unspezifische Antikörperreaktion, eine Aufnahme von Erregern unterbinden, werden in aller Regel auch keinen immunisierenden Effekt aufweisen, sie bilden also wenig oder gar keine spezifischen Antikörper oder T-Zellen. Immunglobuline vom Typ A sind auf allen Schleimhäuten anzutreffen und haben die Aufgabe, eindringende Erreger sofort abzuwehren.

Eine weitere wichtige Linie der unspezifischen Abwehr sind die sog. „natürlichen Killerzellen“ (NK). Das sind Immunzellen, die alles, was körperfremd ist, aber auch Zellbruchstücke und körpereigene Zellen mit abweichenden genetischen Eigenschaften, z.B. potenzielle Krebszellen vernichten, indem sie sie förmlich auffressen.

Die Menschen, die auf Grund ihrer NK-Konstitution befallene Zellen frühzeitig unterbinden, dürften eine für Minderinfektionen ausreichende Kontamination zeigen und zur Immunlageverbesserung ihrer Mitmenschen beitragen.

Vor diesem Hintergrund und der extrem geringen Anzahl schwer Infizierter erscheinen die menschenrechtsfernen „Hygienemaßnahmen“ geradezu kontraproduktiv, ja sogar schädlich (siehe unten: „2nd waves don’t kill“).

Vor demselben Hintergrund sind natürlich auch nur Quarantänemaßnahmen sinnvoll, wenn Symptome vorliegen. Symptomfreie in Quarantäne zu stecken, ist nicht sinnvoll, sondern eher abträglich. Als aber der Lockdown verordnet wurde, war genau diese erste Welle schon am Abklingen – ca. 10 Tage nach dem Peak der RKI-Reproduktionszahl (R0 sagt aus wieviele Menschen theoretisch von einem Infizierten angesteckt werden).

Interethnische Infektiosität und Sterblichkeit

Am 18.07.2020 werteten wir die Statistik von worldometers.info aus.

Unter den 30 am stärksten betroffenen Staaten (bezogen auf Tote pro 1 Mio. Bevölkerung) ist nur ein asiatischer Staat, nämlich Iran, aber 22 Staaten (Kaukasier, Hispanier, und Slaven) oder 73 % waren europäischen Ursprungs.

Die Todesrate lag bei > 104 bis 845 (Belgien) pro 1 Mio. Einwohner. (Sehr kleine Länder wie San Marino oder den Vatikan ignorierten wir).

Unter den am wenigsten betroffenen Staaten sind nur 3 europäische Staaten, allesamt in Sondersituationen: Färöer Inseln, Gibraltar und Vatikan und mit sehr geringer Bevölkerung.. Aber unter den ‚unbeeindruckten‘ waren 13 asiatische Staaten, also 43%, mit Todesraten von 2 oder weniger Toten pro 1 Mio. Bevölkerung.

Die großen asiatischen Staaten haben allesamt unter 10 Tote pro 1 Mio. Bevölkerung, also eine Todesrate von weniger als 10% der Europäischen Länder. Ob mit oder ohne Lockdown: Japan 8, South Korea 6, Singapur 5, China 3, Honkong 2, Thailand 1, Taiwan 0.

Dieses Virus ist also sehr wohl unterschiedlich in seinen Mortalitätsraten bezüglich der Ethnie (Rasse) der betroffenen Infizierten.

Worauf kann das zurückzuführen sein? Gibt es womöglich Unterschiede in den Andockmechanismen des Virus an die Zellen von unterschiedlichen Rassen oder Ethnien oder Unterschiede bei den intrazellulären Reproduktionsmitteln, die das Virus verwendet oder Unterschiede an Proteinen, die an den Immunreaktionen teilhaben? Unwahrscheinlicher sind Unterschiede in den medizinischen Betreuungseinrichtungen – die wären nicht so offensichtlich. Es darf aber nicht übersehen werden, dass selbst innerhalb Europas sehr große Unterschiede in der medizinischen Betreuung vorherrschen. So ist etwa zumindest ein Grund der im Vergleich zu Deutschland höheren Mortalität in Schweden, dass dort überproportional viel ausländisches Personal, was dann aus verschiedenen Gründen nur noch sehr begrenzt zu Verfügung stand, in Alten- und Pflegeheimen eingesetzt wird. Eine Unterversorgung auf diesen sehr sensiblen Bereichen resultiert in einer höheren Belastung für Erkrankte. Die Infektionsrate war damals (18.07.20) zwischen Deutschland und Schweden durchaus vergleichbar:0,225% der Bevölkerung waren in beiden Ländern infiziert.

Die Immunologie

Wenn nun bis zu 10.000 Viren mehr oder weniger gleichzeitig aus einer Zelle freigesetzt werden, ist es sehr schwierig - selbst für spezifische, also *trainierte*, Antikörper zu verhindern, dass nicht einige wenige die nächstgelegene Zelle erreichen und dort aufgenommen werden.

Ein alter Trick der Viren.

Während der viralen Vermehrungsphase innerhalb der Zelle, werden die Zellen vom sogenannten zellulärem Immunsystem angegriffen. Dieses funktioniert völlig anders als das humorale, auf Antikörpern basierende.

Das humorale Immunsystem basiert im Wesentlichen auf der Produktion von mehr oder weniger spezifischen Antikörpern. Diese lagern sich im Blut an Fremdes, hauptsächlich Proteine, oder nicht als „Selbst" Erkanntes an und werden dann vom Reinigungssystem entfernt, nämlich den Makrophagen.

Das zelluläre Immunsystem identifiziert mittels ebenfalls mehr oder weniger spezifischen Immunzellen (T-Zellen, NK-Zellen) körpereigene Zellen, die fremde Substanzproteine produzieren, oder obligatorische, eigene zelltypische Strukturen, hier in erster Linie MHC-1, nicht produzieren und tötet sie ab.

MHC I (Major Histocompatibility Complex I) dient der Zelle als Nachweis, „Selbst" zu sein, also zum jeweiligen Organismus zu gehören. Da durch das Virus die zelleigene Produktion von Genprodukten unterdrückt wird, werden also auch keine „Identifikationsausweise" (MHC-1) gebildet.

Ohne Passierschein – kein Dasein.

Folglich werden diese Zellen, falls die Immunkompetenz im jeweiligen Patienten hoch genug ist oder die infektiöse Dosis klein genug ist, durch weitgehend unspezifische NK-Zellen angegriffen und lysiert - **noch bevor infektiöse Partikel hergestellt werden konnten.**

Bei niedrigen Infektionsdosen kann auch die unspezifischere humorale Immunantwort (IgA) ausreichen, durch Binden und

Verklumpen viraler Partikel deren Aufnahme in Zellen zu verhindern.

Bei einer Infektion, die zu ernsten Krankheitssymptomen führt, ist jedoch eine ausreichende zelluläre, zytotoxische Immunantwort unabdingbar. Eine reine Antikörperantwort wird nicht ausreichen, um ein Ausufern der Erkrankung zu verhindern. Dennoch wird in der Öffentlichkeit ausschließlich von Antikörpern gesprochen und es fehlen weitgehend *klare Aussagen* kompetenter Immunologen zum zweiten, hier wichtigeren Teil unseres Immunsystems.

Personen, die über einen dieser beiden unspezifischen Mechanismen, IgA (Antikörper), oder NK-Zellen (zelluläre Antwort) die Infektion unterdrücken, beziehungsweise ganz ausschalten, werden, obwohl sie mit dem Virus in Kontakt gekommen sind, in aller Regel keine spezifischen Antikörper gegen SARS-CoV-2 entwickeln. Diese Leute können also auch in den Antikörpertests nicht ermittelt werden. Denn hier werden Immunreaktionen des Patienten in Form von spezifischen IgG oder IgM getestet. Wir schätzen dass ca. 20 bis 30 % der Bevölkerung dieser Gruppe zuzuordnen sind.

Infektiös sind Viren nämlich nur, wenn sie eine funktionsfähige Hülle aus menschlicher ER-Membran, also einer Membran des Endoplasmatischen Retikulums mit einem virusspezifischen Andock-Proteinen und funktionelle und für die intrazelluläre Freisetzung relevante Proteine enthalten. Vielleicht sollten wir in diesem Zusammenhang hier nochmals darauf hinweisen, dass Corona auf trockenen Oberflächen eine sehr eingeschränkte Überlebenschance zu besitzen scheint:

Die kurze Überlebenszeit ist übrigens auch der Grund dafür, dass es bei SARS-CoV2 wohl keine „Schmierinfektionen“ gibt. Viren auf einer trocknen, porösen Oberfläche, die den Feuchtigkeitsfilm der Virushülle denaturieren, sind wohl nur im Sekundenbereich, auf glatten Oberflächen wohl nur im einstelligen Minutenbereich und wohl nur auf feuchten Oberflächen längere Zeit infektiös. Danach kann man zwar deren RNA noch nachweisen, aber eine Aufnahme dieser Partikel kann nicht mehr zu einer Infektion führen. Professor Streek hat bei seinen Untersuchungen von Oberflächen in unmittelbarer Nähe von Erkrankten nach infektiösen Partikeln gesucht und keine gefunden. Andere haben nach den Resten dieser Partikel, nach deren RNA, gesucht und diese auch nachweisen können. Diese Reste sind aber völlig harmlos; vielleicht unappetitlich, aber harmlos.

Wir sehen also, dass die humorale Immunantwort, speziell die unspezifische Immunantwort, IgA, einer primären Infektion entgegenwirken kann, aber eine Abwehr der Erkrankung vor allem auf ein gut funktionierendes zelluläres Immunsystem zurückzuführen ist.

Tests

Es gibt unterschiedliche Tests, nämlich

a) um das Virus nachzuweisen, und b) um nachzuweisen, dass jemand mit dem Virus infiziert war oder geimpft ist.

a1) Der aussagekräftigste Test ist der, der das lebende Virus nachweist. Dieser Test ist sehr aufwändig und neigt eher dazu falsch negative Resultate zu generieren. Hierbei wird geprüft, ob die Probe in einer Zellkultur zur Produktion von Viren fähig ist. Er wird derzeit praktisch nie angewandt.

a2) Der ***Nachweis der viralen RNA (durch PCR)*** *des Virus sagt nichts darüber aus, ob da ein infektiöses Agens ist oder nur dessen Überreste. Die Rate an falsch positiven Befunden ist bei dieser Methode besonders hoch. In Deutschland ist sie (deshalb?) auch die bevorzugte Methode.*

Um dies zu verstehen ist die sog. Ct-Zahl von Bedeutung. „Ct“ steht für „Cycle threshold“ und bedeutet die Anzahl der Zyklen, die notwendig sind, um einen Farbumschlag zu beobachten. Als sinnvoll werden gemeinhin 20 bis 25 Zyklen einer PCR angesehen. In den Beipackzetteln der üblichen SARS-CoV2 PCR-Tests werden aber bis zu 45 Zyklen empfohlen; falsch positive Ergebnisse werden so erzwungen. Dazu kommt noch, dass die Ergebnisse nicht auf Produktebene überprüft werden, sondern allein dadurch, dass der Verbrauch an Primern photometrisch gemessen wird. Was bedeutet das? Primer sind kurze Nukleotidsquenzen, die vom Untersucher in den Test eingebracht werden; sie stellen sozusagen die Vorlage dessen dar, was man suchen will. Mit ihrer Hilfe kann die nachzuweisende Sequenz vermehrt werden. Sie sind so gestaltet, dass sie ein anderes Photosignal abgeben, wenn sie verlängert worden sind, als wenn sie frei vorliegen. Ein ungeregelter Verbrauch von Primern an irregulären Sequenzen führt so unweigerlich zu falsch positiven Ergebnissen und hängt von allem ab, womit (unweigerlich jeder) entnommene Abstrich kontaminiert ist.

a3) Der dritte Nachweis beruht auf der Detektion von viralen Proteinen. Auch hier zeigt ein Nachweis nur, dass dort Proteine sind, die dem Virus zuzuordnen sind, nicht jedoch, dass ein infektiöses Partikel vorliegt. Auch dieser Nachweis ist aufwändig und wird derzeit kaum durchgeführt.

b) Der Nachweis, dass eine Person mit dem Virus infiziert war oder geimpft wurde, geschieht über Antikörper. IgG oder IgM sind körpereigene spezifische Antikörper, die von Immunzellen gebildet werden, wenn eine aktive Auseinandersetzung mit einem Erreger stattgefunden hat und der Organismus sie in ausreichender Menge gebildet hat, , weil jemand erkrankt ist, oft ohne es zu merken, oder eine Impfung erhielt. Der Schluss jedoch, dass nur solche Personen vor einer erneuten Infektion geschützt sind ist trügerisch, denn diese Antikörper verschwinden nach einiger Zeit (nach einer norwegischen Studie im Durchschnitt nach 36 Tagen). Bei einer Infektion bestehen aber Erinnerungszellen über Jahre, sogenannte Memory-Zellen, sowohl für die humorale (Antikörper) als auch für die zelluläre

Immunantwort, die infizierte Zellen abtötet und nicht nur freigesetzte Viren abfängt.

Ein Schutz über leicht zu aktivierende Gedächtniszellen [Memory B-Cells oder Memory T-Cells] **kann also trotz nicht nachweisbarer Antikörperantwort durch eine starke unspezifische Immunantwort bestehen. Daher kann man durchaus einen Immunschutz haben, jedoch keine Antikörper (IgG) gegen das Virus. Auch eine Impfung steht vor diesem Dilemma, wahrscheinlich noch viel mehr als eine unbemerkt durchlaufene Infektion.**

Das könnte einer der Gründe sein, weshalb man nicht an einer herkömmlichen Impfung, wie sie für Tiere (Rinder, Schweine, Geflügel) seit Jahren eingesetzt wird, arbeitet, sondern an einer auf RNA basierten. Was ist der Unterschied? Nun, bei einer herkömmlichen Impfung werden nicht vermehrungsfähige Teile des Virus geimpft und es entstehen Antikörper gegen diese Fragmente. Bei einer RNA-basierten Impfung werden diese Fragmente von den körpereigenen Zellen selbst gebildet und man hofft, dass dadurch auch eine Stimulation der zellulären Antwort entsteht. Diese Art von Impfung ist gänzlich unerprobt.

Was bewirkt sie als Konsequenzen?

Welcher Vektor (Transportmittel, um die RNA in die Zellen zu bringen) wird verwendet?

In welche Zellen gelangen sie? Sicherlich nicht nur in die Epithelzellen, wie das Virus selbst.

Welche Reaktionen, außer der Bildung von virusspezifischen Proteinen löst sie aus?

Kann dies zu Krankheitssymptomen oder Autoimmun-erkrankungen führen?

Welche anderen Zellen werden durch das Vektorsystem (s.o.) erreicht?

Sind diese Zellen hinreichend geschützt, so dass es nicht zu gravierenden Nebenwirkungen kommt?

Eine derartige Impfung hat es noch nie gegeben. Hier wird absolutes Neuland betreten. Derartige Ansätze in verkürzten Zulassungsverfahren durchzusetzen, erscheint uns verantwortungslos und möglicherweise sogar kriminell.

Stellen Sie sich vor, nur 1 Prozent der Probanden würde ernsthafte Nebenwirkungen erleiden und davon wiederum 1 Prozent würde sterben, so hätten wir, wenn wirklich 7 Milliarden Menschen geimpft werden sollen, mit 700‘000 Toten zu rechnen, eine Vielzahl dessen, was derzeit als Anzahl der Toten weltweit gezählt wird, die auf SARS-CoV2 zurückzuführen sind.

Wer erkrankt und wer ist gefährdet?

Dosis fit Venenum („Die Dosis macht das Gift“ – Paracelsus)

— Viel hilft viel

Wer sein zelluläres Immunsystem nicht ausreichend mobilisieren kann, wird letztendlich an einer Corona-Infektion sterben . Wer jedoch ein hochaktives zelluläres Immunsystem hat, wird wohl sogar mit einer hohen Infektionsdosis überleben und bei einer Minderinfektion nicht einmal Symptome aufweisen. Die immunologische Reaktion ist sicher nicht als einziger Faktor zu begreifen, jedoch ist es für die allermeisten von uns beruhigend zu wissen, dass uns unser Immunsystem schützt. Letztendlich können wir uns seit Millionen von Jahren auf dieses Immunsystem verlassen. Die Menschheit hat all diese Angriffe immer überlebt. Und die heute Lebenden sind alle Nachkommen von Menschen, die sehr viel schwerere Infektionen in der Vergangenheit überlebt haben.

Fast alle von uns haben das Virus, oder nahe Verwandte davon, schon gesehen und haben daher eine ausreichende Immunität. **Und wie man an den geringen Erkrankungen von Kindern und Jugendlichen und deren milden Verläufen sieht, reicht in jungen Jahren die angeborene, oder die oben beschriebene unspezifische Immunität (innate immunity) aus. Kinder können unter diesen Aspekten also sogar ihre Eltern mit Minderinfektionen bedienen, die dann selbst besser geschützt sind.**

Die Todesrate liegt bei etwa **0,0110%** (alle Angaben in diesem Abschnitt für Deutschland Juli 2020),

- die Infektionsrate derer, die sich überhaupt einem Arzt vorstellen, ist **0,249%**. Also nur 4,42% der Erkrankten, die einen Arzt sehen, versterben und weniger als 0,25 % der Bevölkerung benötigen überhaupt einen Arzt. Erhöht man nun die Anzahl der Testungen, erhält man eine Steigerung, aber diese „Erkrankten" haben entweder milde oder gar keine Symptome oder sind nur fälschlicherweise positiv getestet worden
- ca. **50 %** (Bergamo 57%, Ischgl 42%) haben milde oder gar keine Symptome, bilden aber dennoch Antikörper und
- noch einmal **20-30 %** haben milde oder gar keine Symptome und bilden auch keine Antikörper (s.o.). Diese Gruppe ist sehr schwer zu entdecken, da die natürlichen Widerstandskräfte schwer zu messen sind und daher wegen des Aufwands nicht gemessen werden. *Außerdem wäre damit ja keine Panik mehr auszulösen.*

Das deutet darauf hin, dass das Virus (als virusspezifische Kennzahl) ein Durchseuchungspotenzial von 70-80 % hat und dieses auch entweder in einer ersten kräftigen Welle erreicht oder - wie in den Maskenländern - über einen sehr langen

Zeitraum gespreizt, erreichen wird. Dabei werden die Todesopfer vor allem in der ersten Welle zu suchen sein.

Wenn man also eine Krankheit, die nur wenig reale Bedeutung für die Bevölkerung hat, mit völlig überzogenen Mitteln bekämpft, mit Mitteln, die alles zuvor dagewesene in den Schatten stellen, so liegt offensichtlich ein Missbrauch der politischen Macht vor. Auch in den Jahren der Moderne, mit moderner Medizin, Antibiotika und hochtechnologischen Behandlungsmethoden hat es und wird es auch weiterhin Erkrankungswellen und vereinzelte Todesfälle geben, dennoch hat man nun erstmals so uferlos und radikal reagiert.

Die Krankheit und ihre Behandlung

Wir alle wissen, wie sich ein grippaler Infekt oder eine Grippe anfühlt und was deren wichtigsten Symptome sind. Welches sind die die wichtigsten Beobachtungen bei der von SARS-CoV2 ausgelösten Erkrankung, CoVid-19?

Nun zunächst haben wir eine Inkubationszeit von durchschnittlich 5 Tagen, je nach Schwere der Erkrankung dauern die Symptome 1 Tag (nahezu symptomfrei, auch sehr geringe Virusproduktion), über 3 Tage (leichte Variante, geringfügige Virus Produktion), bis 9 Tage (normaler Verlauf, deutliche Infektionsgefahr) und über 10 Tage bis 6 Wochen (schwere und kritische Fälle). Aus dieser Gruppe kommen auch diejenigen, die nach einer Dauer von 2 bis 3 Wochen versterben.

Nun, fangen wir im Kleinen an. Das Virus benötigt neben anderen Voraussetzungen ACE-2 Rezeptoren, um in die Zelle zu gelangen. Diese Rezeptoren werden von allen endothelialen Zellen exprimiert, die die Wände von Kapillaren und auch Alveolen auskleiden (mit sogenannten Alveolarepithelzellen oder Pneumozyten).

Diesen Ausbuchtungen in kapillarartigen Alveolargängen (Ductus alveolaris) haben gerade einmal einen Durchmesser von 100 ?m (in ausgeatmetem Zustand) und 250 ?m (in eingeatmetem Zustand). Da nun eine Infektion dieser Zellen deren Entzündung, schließlich sind sie von Viren infiziert, und letztendlich deren nekrotischen Tod hervorruft, liegt vor Ort sehr viel Zellschrott (debris) und insbesondere DNA vor, die in dem kleinen Volumen enorm aufquillt. Dieser Zellbrei verstopft also die Flächenbereiche, die an und für sich mittels Helferzellen (Pneumozyten Typ II, oberflächenaktivierenden Zellen) den Gasaustausch bewirken. Damit findet kein Gasaustausch, also keine Abgabe von CO2 und keine Aufnahme von O2 aus der Atemluft mehr statt. Lassen wir einen Patienten nun angereicherten Sauerstoff anstelle von Luft (21% O2, 78% N2) atmen, so erhält er für die verbleibenden, noch nicht von Viren zerstörten oder verstopften Alveolen mehr Sauerstoff. Wenden wir aber Überdruckbeatmung an (*PEEP, (positive, end-expiratory pressure) - auch am Ende des Ausatmens bleibt ein Überdruck in der Lunge*), so hilft das relativ wenig, da der Zellbrei durch Luft nicht komprimierbar ist, und folglich die für den Gasaustausch zugängliche Fläche nicht wesentlich vermehrt wird. Als äußerste Maßnahme bei der Beatmung verbleibt dann noch eine Aufbereitung des Blutes mit Sauerstoff außerhalb des Körpers (ECMO, Extra Corporale Membran Oxygenierung).

Eine Behandlung der Patienten mit DNase könnte die Probleme in den Lungenbläschen verbessern. *DNase löst den Zellbrei, der auch unter Überdruck keinen Sauerstoffaustausch in den Alveolen zulässt und macht diesen verdünnten Brei ausscheidbar.* DNase wird etwa bei Mukoviszidose (Zystischer Fibrose) erfolgreich angewandt und verbessert dort die Symptome. Dieses Enzympräparat wird zwar nach unserem Wissen gegenwärtig nicht bei CoVid-19 angewandt, könnte aber durchaus sinnvoll sein.

Diese Überdruckbeatmung wurde übrigens in manchen Ländern und manchen Krankenhäusern vor allem in der Anfangsphase angewandt und könnte für eine gewisse Anzahl der Covid-19 Todesfälle verantwortlich sein,

Nachdem nun Rezeptoren für ACE-2 in allen endothelialen Zellen vorkommen, gibt es natürlich in allen Organen, die endotheliale Zellen enthalten, Potenziale, die SARS-Erkrankung in weiterem Umfang zum Ausbruch zu bringen. Dies führt zu einer von normalen grippalen Infekten abweichenden Symptomatik. Erstens zeigen sich die für normale grippalen Infekte Sequenz der Symptome häufig in abweichender Reihenfolge (also nicht Halsweh, Schnupfen dünnflüssig, Schnupfen dicklüssig, Husten), sondern abweichend davon, und es entstehen auch Symptome, die auf eine Beeinflussung anderer Organe hinweisen (Herz, Gelenke, Nerven etc.). Viele Erscheinungen eines grippalen Infekts stammen gar nicht von den Erregern selbst, sondern von den Reaktionen unseres Immunsystems. Die Ausschüttung des Infektionsmediators IL-2, der andere Immunzellen mobilisiert und damit die Entzündung fördert, macht den Patienten oft länger anhaltendere Probleme als das eigentliche infektiöse Agens.

Wenn jemand schnäuzt (der Schleim wird dickflüssig) und hustet (der Schleim wird entfernt) ist zumindest bei normalen grippalen Infekten oft schon kein Virus mehr nachweisbar. Am gefährlichsten bezüglich der Ansteckung sind gewöhnlich die ersten Tage der Infektion. Ob dies für eine Corona-Infektion auch zutrifft, ist nicht gesichert, jedoch wahrscheinlich.

CoVid-19 ist mit Sicherheit eine ernst zu nehmende Erkrankung, jedoch nur für einen verschwindend geringen Teil der Bevölkerung. Für die allermeisten (99,75% bezogen auf die Gesamtbevölkerung) zeigen sich nur geringe bis gar keine

Symptome. Es kann daher gegenwärtig nur geschätzt werden, wieviel Prozent der Bevölkerung auch am Ende der „Grippewelle“ nie mit dem Virus in Berührung gekommen sind und wieviele nur schwache oder keine Symptome entwickelt und damit keine nachweisbaren Antikörper haben.

Die Maßnahmen

Dass man bei einer Erkrankung mit einer Anzahl an Betroffenen von 2,5% der Deutschen Bevölkerung von einer Epidemie von nationalem Ausmaß sprechen kann, möchten wir bestreiten. Vor diesem Hintergrund erscheinen auch die Maßnahmen, die ergriffen wurden, völlig überzogen.

Werfen wir einfach einen Blick ins Grundgesetz.

Artikel 1 „Die Würde des Menschen ist unantastbar.“ Wenn Sie also gezwungen werden, eine **Maske** zu tragen und sich damit lächerlich zu machen oder sich noch mehr verängstigt zu fühlen, mit Strafen überzogen zu werden, in den Augen ihrer Mitmenschen herabgesetzt zu werden und vor allem in Ihrem freien Entschluss zur Lebensgestaltung und dem Eingehen Ihres persönlichen Lebensrisikos eingeschränkt zu werden, dann ist das ein klarer Verstoß gegen diesen Artikel 1, der unter keinen Umständen verändert werden darf (Art. 79 Abs. 3). Da hilft auch der Erlass eines Infektionsschutzgesetzes nichts. Selbst wenn die Gesetzgebung dies in begründeten Ausnahmefällen zuließe – unter den herrschenden Bedingungen ist ein Maskenzwang völlig unverhältnismäßig und damit ein klarer Verstoß gegen Art. 1. Als der Maskenzwang ausgerufen wurde, war die Infektionswelle schon am Abklingen, wie das bei Grippewellen üblich ist (s.o.).

Dazu ist auffallend, dass Länder, die fast nichts Freiheitseinschränkendes unternommen haben (Schweden, Japan und Weißrussland) nicht mehr Infizierte oder Tote haben als Länder die durch extreme Maßnahmen aufgefallen sind (Spanien, Italien UK oder Argentinien). Argentinien ist im siebten Monat im Lockdown und die Infiziertenzahlen steigen ständig. Gur, fremde Länder, fremde Sitten. Warum unterscheiden sich unsere Bundesländer trotzt sehr unterschiedlicher Maßnahmen in den Krankheitsverläufen so wenig? Bayern hat mit die meisten Erkrankten und Tote, aber die strengsten Maßnahmen. Wird hier also die Ausbildung einer Herdenimmunität am stärksten behindert?

Ein Maskenzwang verstößt auch gegen das Recht auf körperliche Unversehrtheit (Art. 2), denn das dauerhafte Tragen reduziert nachweisbar die körperliche Leistungsfähigkeit (fragen Sie einfach einmal eine Kellnerin am Schichtende), macht anfälliger für Herz-Kreislaufprobleme und zwingt jeden sich einer Willkürmaßnahme zu unterwerfen, was wiederum bei einigen psychische Probleme hervorrufen kann. Unter den Masken reichern sich Keime aller Art an, vermehren sich in diesem feuchtwarmen Mikroklima und rufen diversen Krankheitserscheinungen hervor. Pickel, Ausschlag, Herpes gehören zu den häufigsten Klagen, die wir hören.

Zusätzlich und insbesondere ist anzumerken, dass der Maskenzwang auch gegen die vorgebliche Intention verstößt, die Sicherheit der Bevölkerung zu erhöhen. Durch eine Verhinderung von Minderinfektionen und damit der Ausbildung einer Herdenimmunität erhöht er in vielen Fällen sogar die Gefahr für die Bevölkerung. Selbstverständlich sollten sich Personen in besonderen gesundheitlichen Situationen anders schützen, aber sollten sie darüber nicht aufgeklärt werden und dann ihrer eigenen Entscheidung entsprechend selbst entscheiden können? Tote durch eine Reihe gefährlicher Aktivitäten wie Radfahren, Motorradfahren, Freiklettern, Rauchen, Saufen, Fressen bringt erhebliche Gefahren für den Einzelnen und manchmal auch für Begleitende mit sich. Soll das alles auf einem Altar der Sicherheit geopfert werden? Soll die persönliche, aufgeklärte Entscheidung über die mir zustehende Risikobereitschaft abgeschafft werden?

Auch die Abstandsregel verstößt gegen die freie Entfaltung der Persönlichkeit. Wir konnten bis heute nicht herausfinden, wer auf den „Mindestabstand von 1,5 m" gekommen ist und warum., Die Regel dient dazu , ein Kontaktverbot durchzusetzen, wie das in Zuchthäusern früherer Jahrhunderte der Fall war – erneut ein klarer Verstoß gegen das Grundgesetz, diesmal Art. 2. Was bewirkt überhaupt ein solcher **Abstand**? Nun, der Abstand ist rein willkürlich festgelegt. Wenn eine Person in einer hinteren Seitennische einer Kirche eine Zigarre anzündet, wie lange wird es dauern bis der predigende Pfarrer das riecht? Die Tröpfchen, die jeder beim Atmen und Sprechen als sogenanntes Aerosol von sich gibt und potenziell Viren enthalten können, sind winzig, einige wenige Mikrometer oder sogar Nanometer Durchmesser. Die Viruspartikel sind dennoch (s.o.) viel kleiner (ein Zehntel dieser Größe). Die Tröpfchen sind der einzige Schutz des Virus. Die Tröpfchen sind aber in einer Größenordnung, in der sie nicht mehr durch ihr Gewicht alleine fallen, sondern sie sind ein Spielball jedes Luftzugs. Die unsichtbaren Wölkchen dieser Tröpfchen können sich über viele Meter fortbewegen, bzw. bewegt werden. Je nach Luftfeuchtigkeit und Strahlungsintensität der Sonne bleibt eine Tröpfchenwolke über mehr oder weniger große Entfernungen und Zeiträume infektiös. 1,5 Meter ist völlig - im wahrsten Sinn des Wortes – aus der Luft gegriffen. Und wie oben beschrieben, eine Minderinfektion kann behilflich sein, eine Immunität zu entwickeln, ohne krank zu werden.

So, nämlich durch schleichende Durchseuchung, geht jede Grippesaison vorüber, ohne dass ein großer Teil der Bevölkerung auch wirklich erkrankt oder gar stirbt. Wenn wir die Durchseuchung mit Masken verhindern, verhindern wir eine schützende Immunität der Bevölkerung und erreichen damit ein lange anhaltendes

„Grundrauschen" der Erkrankung (s. auch Medizinische Folgen).

Um das Kontaktverbot durchzusetzen, wurden Restaurants geschlossen und sehr viele Geschäfte, ganze Berufszweige wurden an der Ausübung des Berufs gehindert, ein klarer Verstoß gegen Art. 12 des Grundgesetzes. Schulen und Universitäten wurden geschlossen ebenso wie Kindertagesstätten. Wiederum wird dadurch die Chance vertan, eine milde Durchseuchung zu erreichen. Und das Risiko eingegangen, dass immer wieder Nester an Infektionen aufflammen.

Die Folgen der Maßnahmen

Medizinische Folgen

Durch die Maßnahmen sind möglicherweise in der Anfangsphase bis Mitte März weniger Leute gestorben, ab Ende März aber sind wohl mehr Leute an Corona gestorben als es ohne die Maßnahmen der Fall gewesen wäre. Einfach deshalb, weil sich durch die Maßnahmen das Abklingen der Erkrankungswelle sehr lange hingezogen hat und immer noch hinzieht. Aber wären denn wirklich signifikant mehr Leute an Corona gestorben?

Wenn man sich die täglichen Todesfälle ansieht, dann war der Höhepunkt bereits am 1.April, also nach gerade einmal 9 Tage nach dem rigorosen Kontaktverbot (Lockdown). Da aber diejenigen, die versterben durchschnittlich 3 Wochen nach der Infektion sterben, ist das rigorose Kontaktverbot sicherlich nicht für die steile Abnahme von Todesfällen verantwortlich. Eher andersherum: Die hochempfänglichen, kachektischen und anderweitig Gefährdeten starben bei der ersten Gelegenheit, wie jedes Jahr während der Grippesaison. Es gelangen ständig neue Leute in diesen Gefährdetenkreis und in der nächsten Saison werden wieder neue dazukommen.

Aber dieser Kreis und alle möglichen Betroffenen müssen aufgeklärt und ihrer eigenen Entscheidung überlassen werden. Alles andere ist Gesundheitsdiktatur.

Haben wir durch das Freihalten von Intensivbetten und das Verschieben von Operationen nicht vielleicht mittelfristig sogar mehr Opfer zu beklagen? Ein Krebspatient, dessen Operation um ein Vierteljahr verschoben wird, stirbt natürlich nicht sofort daran, aber seine Überlebenschance ist deutlich kleinen geworden. Wieviele Patienten mit Herz- Kreislauferkrankungen wurden nicht in Kliniken überwiesen und wie haben sich deren Chancen auf Genesung verändert? Wieviele Personen haben psychische Probleme durch dieses Regime der Angst und Panik entwickelt? Wieviele sind schon den letzten Schritt gegangen und haben Selbstmord begangen und wieviele werden noch folgen (auch wegen anderen Folgen, s.u.)?

Nein, diese Maßnahmen waren aus medizinischer Sicht eher abträglich für die Volksgesundheit und die Gesundheit des Einzelnen. Diese Maßnahmen wurden daher wohl eher aus anderen Gründen veranlasst. Sieht man sich die Zahlen und Kurven aus Ländern an, die nahezu gar nichts gemacht haben (Schweden, Niederlande und Weißrussland), so sieht man keinen erkennbaren positiveren Einfluss in Ländern, die sich überboten haben in der Gängelung der Bevölkerung. Belgien ist unter den Europäischen Staaten das Land mit den schärfsten Maßnahmen und mit der höchsten Todesrate (845 auf 1 Million Einwohner). Letztendlich wird das vielen Argumenten für eine strenge Maskenpflicht und anderen „Hygienemaßnahmen“ den Boden entziehen.

Natürlich sollen sich Leute die Hände waschen, aber nicht unentwegt und schon gar nicht ständig desinfizieren. In den gängigen Desinfektionsmitteln sind diverse Alkohole und Wasserstoffperoxid enthalten. Das tötet nicht nur Corona (das sowieso nicht lange auf Ihrer Hand überlebt), sondern auch die natürliche Hautflora, die für Sie eine schützende Funktion hat! Außerdem führt das übermäßige Anwenden von

Desinfektionsmitteln mittelfristig dazu, dass sich resistente Bakterienstämme herausbilden, die am Ende wesentlich gefährlicher sind als SARS-CoV2 es je sein kann.

Genaue Zahlen, die ein völlig inadäquates Handeln der Regierungen in vielen Europäischen Ländern offensichtlich machen, wird es natürlich nach Ende der „Epidemie“ geben, aber niemand soll sagen, man habe nicht konkrete Vorhersagen treffen können und auch getroffen, wie etwa hier. Das wird dann die Grundlage sein für Schadenersatzklagen gegen die heutigen „Heilsbringer“ (s. unten).

Wirtschaftliche Folgen

Kann man wirklich eine lebendige Wirtschaft einfach abschalten und dann wieder kickstarten?

Kaum zu erwarten.

Wieviele Gastro-Betriebe, wieviele Friseure und wieviele andere kleinere und mittelständische Betriebe werden ihre Pforten für immer schließen? Und die Insolvenzwelle wird erst noch anlaufen im Herbst, Winter und kommendes Frühjahr.

Die Preise im Gastro- und Hotelbereich sind teils drastisch nach oben gegangen. Man versucht das Verlorene wieder reinzuholen. Aber die Belegung geht dadurch natürlich zurück und die Rechnung nicht auf.

Viele Vorhaben im Bau- und Handwerkerbereich werden nun verschoben, da man sich seines Einkommens und sogar seiner Arbeitsstelle nicht mehr sicher ist. Wer kauft sich vor diesem Hintergrund ein neues Auto?

Gleichzeitig wird natürlich die Unsicherheit bezüglich solcher Investitionen durch die Klima-/CO2 Hysterie weiter verschärft.

Man tut sich schwer, die Zukunft vorher zu sagen, aber rosig sieht sie sicher nicht aus.

7,5 Millionen Kurzarbeiter – wieviele davon werden wieder an ihre Arbeitsstelle zurückkehren?

Wer profitiert von dieser Situation?

Nun, in China ist die Krankheit zuerst aufgetreten und schon nach kurzer Zeit (nicht ganz 2 Monaten) wieder als beendet erklärt worden. Man war ja so überaus rigoros und diszipliniert. Als dann die Krankheit auch in andere Länder dieser Erde kam, propagierte man die „Chinesische Lösung“ und würgte seine komplette Wirtschaft ab. China hat aber nur eine Provinz abgeriegelt und das Virus drang in die ganze Welt ein, nur nicht in andere Chinesische Provinzen. Seltsam? Der Westen fiel auf diesen Trick herein und wird am Ende der „Krise“ den Handelskrieg verloren haben.

Politische Folgen

Im Oktober 2020 wurde gemeldet, dass China als einziges Land die Anzahl seiner Milliardäre gesteigert hat. Aber wir haben auch größte Probleme auf anderen Gebieten. Die Demokratie ist schwer geschädigt. Deutschland hat die wichtigsten Artikel seines Grundgesetzes außer Kraft gesetzt: Art. 1 Menschenwürde (wir werden gezwungen eine Narrenkappe (Maske) zu tragen und können keine freien Kontaktentscheidungen mehr treffen.), Art. 2 Freie Entfaltung der Persönlichkeit (Kontaktverbot), Art. 5 Meinungsfreiheit (Covidioten, Coronaleugner werden ausgegrenzt, die Presse ist wieder gleichgeschaltet), Art. 6 Familie (Kinderfürsorge geht an den Staat), Art. 7 Schulwesen (Keine Schule), Art. 8 Versammlungsfreiheit (Auflösung von Demonstrationen wegen Abstandsregeln), Art. 11 Freizügigkeit (Reiseverbote), Art. 12 Berufsfreiheit (Verbote zur Ausübung von Berufen), Art. 13 Unverletzlichkeit der Wohnung (aufgrund von Denunziation wurden Wohnungen gestürmt). Weitere Rechtsbrüche ließen sich sicher feststellen, aber wir sind keine Anwälte und wollen dieses Feld echten Experten überlassen.

Zum Schluss noch ein Zitat von Friedrich von Schiller: „Man könnte den Menschen zum halben Gott bilden, wenn man ihm durch Erziehung aller Furcht zu benehmen suchte." (Ästhetische Briefe). Aber genau das Gegenteil wird mit der Bevölkerung vieler Staaten seit Jahren und insbesondere seit Corona gemacht, ganz besonders in Deutschland. Es wird massiv Furcht und Angst verbreitet. *Die Corona Bedrohung ist eine sehr persönliche, da im engsten Umfeld Tote vorhergesagt werden. In dieser Situation sind die Leute bereit, sich beliebigen Maßnahmen zu beugen und sich Unterwerfungen aufoktroyieren zu lassen. Die Schillersche Vorstellung führt hingegen zu freien, selbstbestimmten, mutigen und widerstandsfähigen und* -willigen Bürgern.

Wolf Bertling, Stefan Rohmer

Die Autoren sind virologisch und immunologisch ausgebildete Mediziner und Naturwissenschaftler, die über Jahre an anerkannten Forschungseinrichtungen auf einschlägigen Themen gearbeitet haben.

Wolf Bertling , Jahrgang 1952 war nach dem Studium der Biologie, der Chemie und der Pharmazie sowie der Promotion in Molekularer Biologie mehrere Jahre virologisch und immunologisch in den USA aktiv (UCLA;UNC). Er habilitierte während seiner Zeit bei der MPG in Molekularer Medizin und arbeitete danach als Gruppenleiter beim PEI. Seit 1995 ist er selbständiger Unternehmer mit Fokussierung auf immunologische Therapieansätze.

Stefan Rohmer, Jahrgang 1974, studierte Humanmedizin an den Universitäten Leipzig, Erlangen, Sydney und ist seit 2002 approbierter Arzt. In seiner Dissertation befasste er sich mit einem Thema aus der Intensivmedizin und ist Facharzt für Anästhesiologie sowie Facharzt für Arbeitsmedizin. Ein weiterer Tätigkeitsschwerpunkt ist die Notfallmedizin, zudem ist er leitender Notarzt, Schiffsarzt und Verkehrsmediziner.

»Wir dürfen nicht zusehen und abwarten, bis eine perverse Technik entwickelt ist - wir müssen sie vorher ächten.«

Vivienne Nathanson

Die Gen-Waffen

Nachfolgender Text ist kein fiktiver Roman, sondern eine Dokumentation über ein gefährliches Forschungsprojekt in Israel, welches die Menschheit weit in das neue Jahrtausend hinein bedrohen, gegebenenfalls sogar auch für Deutschland zu einer unvorstellbaren Katastrophe werden könnte. Unter dem Gesichtspunkt dieser Forschungen verliert der Friedensplan für den Nahen Osten seine Glaubwürdigkeit. Der Einfluss Israels auf die mächtigen Staaten dieser Welt muss unter Berücksichtigung solcher Forschungsprojekte, der jahrzehntelangen Menschenrechtsverletzungen in diesem Land unvorstellbar groß sein. Denn ein großer Protest der internationalen Staatenwelt bleibt aus, eine Intervention wie z. B. durch die USA im Irak oder Kosovo ist unvorstellbar. Das Unglaubliche wird wahr, die Enthüllungen lesen sich wie ein fiktiver Roman, nur können wir im Gegensatz zu dem letztgenannten von der fiktiven nicht in die reale Welt zurückkehren. Denn dies ist die Realität!

Nachfolgende Information klingt wie eine Meldung aus Saddam Husseins Propagandaministerium. Für viele Menschen wäre dies beruhigender als die Tatsache, dass diese Informationen aus einer der größten britischen Zeitung stammt:

Israel plant »ethnische« Bombe

Am 15.11.1998 erschien in »The Sunday Times«[1] ein Artikel von Uzi Mahnaimi und Marie Colvin, der sich umfangreich der Thematik einer biologischen Waffe mit spezieller Wirkung auf Träger bestimmter Gene beschäftigt. Hier speziell mit dem biologischen Institut in Nes Ziona. Nachfolgend einige Passagen in deutscher Übersetzung:

»Israel arbeitet an einer biologischen Waffe, die gemäß israelischen Militärs und westlichen Geheimdiensten nur Araber, nicht aber Israelis Schaden zufügt. Diese Waffe ist alleine auf ethnische Ziele gerichtet.

Im Rahmen der Entwicklung ihrer »Ethno-Bombe«, versuchen israelische Wissenschaftler medizinische Fortschritte zu erlangen, indem sie unterschiedliche Gene bei Arabern ermitteln, um dann ein genetisch abgewandeltes Bakterium oder einen modifizierten Virus zur Zerstörung dieses Gens herzustellen.

Die Absicht besteht darin, die Wirkung von Viren und bestimmten Bakterien zu nutzen, um die jeweilige Genstruktur (DNA) von lebenden Zellen in der zum Ziel gemachten Gruppe zu verändern. Die Wissenschaftler versuchen, tödliche Mikro-Organismen zu züchten, die nur jene Zielgruppen angreifen, die dieses andere Gen in sich tragen.«

Demnach ist das Projekt am biologischen Institut in Nes Ziona, der israelischen Forschungseinrichtung zur Entwicklung chemischer und biologischer Waffen angesiedelt.

Zur speziellen Forschungsarbeit wird ein Wissenschaftler angeführt, der am dortigen Institut gearbeitet hat:

»Ein Wissenschaftler erklärte, dass die Aufgabe äußerst kompliziert sei, da sowohl Araber wie auch Israelis von semitischer Abkunft seien. Aber er fügte hinzu:

„Trotzdem sind wir erfolgreich gewesen. Wir fanden ein charakteristisches Genprofil in ganz bestimmten arabischen Bevölkerungsgruppen, insbesondere bei der irakischen Bevölkerung."

Die Krankheit könnte verbreitet werden, indem man die Organismen in der Luft versprüht oder dem Trinkwasser zufügt.

Die Forschung spiegelt die biologischen Studien wider, die von den südafrikanischen Wissenschaftlern während der Zeit der Apartheid eingeleitet und von der Truth and Reconciliation Commission aufgedeckt wurde.«

Mit dem Vorwurf einer solchen Forschung konfrontiert, reagierte der Knesset-Abgeordnete Dedi Zucker entsetzt:

»Aufgrund unserer Geschichte, unserer Tradition und unserer Erfahrung ist eine solche Waffe moralisch monströs und sollte verboten werden.«

»Einige Experten waren der Auffassung, dass, obgleich das Konzept einer ethnischen Waffe durchführbar wäre, die praktischen Aspekte der Herstellung enorm wären.«

Der Chef des Südafrikanischen Instituts für Chemische- und Biologische Kriegführung, Dr. Daan Goosen, gab bekannt, *»dass seine Mitarbeiter in den 80er Jahren beauftragt wurden, eine „Pigment-Waffe" zu entwickeln, die nur auf Schwarze zielt. Er gab an, dass sein Team die Möglichkeit der Verbreitung diskutierte. Es war geplant diese Gen-Waffe im Bier zu brauen, in Mais zu geben oder mit Impfstoffen zu vermischen. Allerdings waren er und seine Leute nicht imstande, eine solche Gen-Waffe tatsächlich herzustellen.*

Jedoch warnte letztes Jahr ein vertraulicher Pentagon-Report davor, dass biologisch genetische Mittel zur Produktion neuer lebensgefährlicher Waffen benutzt werden könnten.«

William Cohen, der ehemalige US-amerikanische Verteidigungsminister habe Informationen aus denen Ländern bekommen, die an diesem Projekten gearbeitet haben:

»bestimmte Arten der Krankheitserreger herzustellen, die ethnisch-spezifisch sein würden«.

Eine ältere Geheimdienstquelle bestätigte, dass Israel eines der Länder war, die Cohen im Verdacht hatte.

»Die »Ethno-Bombe« wurde ausführlich im „Foreign Report" behandelt, einer „Jane's" Publikation, die Sicherheits- und Verteidigungsaktivitäten sehr genau beobachtet. Die Zeitung beruft sich auf nichtgenannte südafrikanische Quellen die behaupten, israelische Wissenschaftler hätten sich die Grundlagenforschungen der Südafrikaner beschafft, um ein „ethnisches Geschoss" gegen die Araber zu entwickeln.

Es wird darauf hingewiesen, dass Israelis im Zusammenhang mit Forschungen an „Israelis mit arabischer Herkunft, speziell an jenen mit irakischer Herkunft" Aspekte der genetischen Charakteristik der Araber entdeckten.«

Die Britische Mediziner-Vereinigung ist über das tödliche Potential der genetischen Bio-Waffe so sehr besorgt, dass sie eine Untersuchung eingeleitet hat.

Dazu die Organisatorin der Untersuchungen Dr. Vivienne Nathanson:

»Mit einer Waffe, die ihre Wirkung auf Ethnien begrenzt, kann man sogar bestimmte Gruppen innerhalb einer Bevölkerung treffen. Die Geschichte der Kriege, wovon viele aus ethnischen Gründen geführt wurden, zeigt uns wie gefährlich diese Entwicklung sein könnte.«

Porton Down, Großbritanniens biologische Ver-

Studie:

Ein Fünftel der Israelis immun gegen Aids

Mehr als ein Fünftel der Israelis sind nach wissenschaftlichen Erkenntnissen wegen eines genetischen Defekts ganz oder teilweise immun gegen Aids. Aus einer Studie des Hadassah-Krankenhauses in Jerusalem und der Blutbank Magen David Adom geht hervor, dass mehr als ein Fünftel der Israelis nach wissenschaftlichen Erkenntnissen wegen eines genetischen Defekts ganz oder teilweise immun gegen Aids sind.

Der Rezeptor, der nötig ist, damit das Aids-Virus in die Zellen eindringen kann, fehlt bei bei vielen Israelis. Bei 20 Prozent der Israelis ist der Rezeptor zwar vorhanden, funktioniert aber nicht richtig.

Hingegen nur ein Prozend der Europäer und europastämmigen Amerikanern besitzt eine angeborene Resistenz gegen eine Infektion mit HIV.

Forscher beschrieben im Magazin »Cell« (Vol 86, S. 367), das diese Resistenz auf einer Mutation im Gen für den Chemokin-Rezeptor »CCR-5« beruht.

Der Rezeptor, dessen eigentliche Aufgabe die Kommunikation der Zellen bei Entzündungsreaktionen ist, wurde als der wichtigste »Co-Rezeptor« identifiziert, den das Virus neben CD4 für den Eintritt in eine Wirtszelle benötigt.[2)3)] teidigungseinrichtung, gab zu verstehen, dass solche Waffen theoretisch möglich wären:

»Wir haben jetzt einen Punkt erreicht, wo es offensichtlich eine Notwendigkeit an einer internationalen Konferenz gibt, um die biologischen Waffen zu steuern«, gab ein Sprecher bekannt.

Obwohl noch am gleichen Tag die *Deutsche Presse Agentur* diese Informationen verarbeitet und weiteren Medien zugänglich gemacht hat, war diese Meldung offensichtlich nur einigen wenigen Zeitungen brisant genug, um das Thema aufzugreifen.

Ethnische Säuberungen mittels Gentechnik, betrieben ausgerechnet von Israelis - eine Horrorvorstellung. David Bar-Ilan, Berater von Israels Ministerpräsidenten *Netanjahu*, ließ sofort wissen, dass diese Nachricht nicht einmal ein Dementi wert sei.

Unbestritten ist, dass die Forscher in Nes Ziona an chemischen und biologischen Kampfstoffen arbeiten, was laut Washington Post seitens einer US-Regierungs-Quelle bestätigt wurde. Und es ist bewiesen, dass Südafrika schon zu beginn der 80er Jahre an einer Ethnobombe gebastelt hatte. Zwischenzeitig hat die Genforschung große Fortschritte gemacht - insbesondere beim Aufspüren individueller Merkmale der Menschen. Diese Technik wird heute schon genutzt, um Straftäter zu überführen. Auch der nächste Schritt ist keine Utopie: ganze Stämme, ganze Völker unter die Lupe zu nehmen. Die Realität: Wissenschaftler sind schon dabei. Es ist alles nur eine Frage des Aufwandes.

Einige Monate später wurde ein Bericht des Britischen Ärztebundes (British Medical Association/BMA) über »Biotechnologische Waffen und die Menschheit« öffentlich, worin der Ärztebund seine Warnung vor der Entwicklung gentechnischer Waffen, die sich gezielt gegen einzelne ethnische Gruppen richten, ausdrückt.

Auch Erhard Geißler, B-Waffen-Experte am Max-Delbrück-Centrum für Molekulare Medizin in Berlin, schließt nicht aus, dass an ethnischen Waffen geforscht werde. Für viel gefährlicher hält er jedoch die Versuche, B-Waffen-Erreger so zu manipulieren, dass bekannte Medikamente wie Antibiotika nicht mehr wirken.

Der Ärztebund ist der Überzeugung, dass Angesichts der Fortschritte in der Gentechnik und bei der Entschlüsselung des menschlichen Erbmaterials die Entwicklung ethnischer Waffen in den nächsten zehn Jahren nicht ausgeschlossen werden kann. Bereits jetzt würden genetische Informationen bei der Herstellung von Waffen genutzt, erklärte die Chefin der gesundheitspolitischen Forschungsabteilung des Britischen Mediziner-Verbandes, Dr. Vivienne Nathanson, in London. In fünf bis zehn Jahren, so das Horror-Szenario der Wissenschaftlerin, könnte es im Labor gezüchtete Pest-Erreger geben, die nur Serben befallen oder ein Giftgas, an dem ausschließlich Kurden sterben.

Es wäre eine Tragödie, wenn sich die Welt in zehn Jahren genetisch hergestellten und möglicherweise auch genetisch gelenkten Waffen gegenübersähe, sagte Nathanson bei der Vorstellung eines Buches mit dem Titel: Biotechnologische Waffen und Menschlichkeit. Noch sei die nötige Technik nicht verfügbar, das werde sich aber schnell ändern.

Die neuartigen Waffen funktionieren nach einem ähnlichen Prinzip wie schon herkömmliche Verfahren zur Gen-Therapie. So können zum Beispiel durch genetische Variationen Mikroorganismen produziert werden, die nur ganz bestimmte Rezeptoren auf einer Zellmembran besetzen. Ebenso kann ein Virus gezüchtet werden, der nur einen vorher bestimmten Abschnitt des menschlichen Erbgutes, der *DNA*, angreift.

Seit 1990 arbeitet eine Forschergemeinschaft im Rahmen des Humangenomprojektes HUGO an der Entschlüsselung des menschlichen Erbgutes. Dabei suchen auch einige der an diesem Projekt beteiligten Wissenschaftler nach ethnischen Unterschieden im Genom der Menschen. Dieses Projekt (Human Genome Diversity Project) wurde 1991 ins Leben gerufen. Wissenschaftler reisen in die abgelegensten Winkel dieser Erde, um eine von der Außenwelt abgeschottete Bevölkerung zu untersuchen. Den Einheimischen werden Zellen entnommen, das Erbgut analysiert und das Erbmaterial mit dem anderer Völker verglichen. An den rund drei Millionen aneinandergereihten Bausteinen gibt es Eigenarten, die von Volk zu Volk unterschiedlich sind, und zur Identifikation beitragen.

1992 hat der ehemalige russische Staatschef Boris Jelzin zugegeben, dass in Russland ein Programm für biologische Waffen betrieben werde. 1996 gab auf einer Tagung des Internationalen Komitees des Roten Kreuz' der schwedische General Bo Rybeck warnend bekannt, dass es möglich sein werde, zum Beispiel Menschen mit blauen Augen gezielt mit Alzheimer zu schlagen, oder Schwarze exklusiv mit einem gefährlichen Grippevirus anzustecken.

Israel ist bis heute einer der wenigen Staaten, welche die Konvention über das Verbot der Entwicklung, Herstellung und Lagerung bakteriologischer Waffen nicht unterzeichnet hat und sicherlich sind auch den israelischen Wissenschaftlern die genetischen Unterschiede zwischen den einzelnen Völkern nicht unbekannt.

Nes Ziona - Die Vorgeschichte

Nes Ziona, die kleine Stadt mit ca. 25.000 Einwohner und einer Fläche von ca. 1516 Hektar, liegt 25 Kilometer südöstlich von Tel Aviv und 50 Kilometer nordwestlich von Jerusalem im Landesinneren. Nes Ziona wurde 1883 von einem Russen gegründet. Orangenanbau und Bienenzucht waren viele Jahre lang Haupterwerbsquellen. Grüne Obstkulturen rund um die Stadt zeugen noch heute von dieser Vergangenheit. Heute ist Nes Ziona eine aufstrebende Kleinstadt, in der die High-Tech-Industrie Fuß gefasst hat und für eine rasante Entwicklung sorgt. Der Kyriat-Weizmann-Forschungspark, gegründet 1972, ist ein weltweit anerkanntes Zentrum für moderne Technologie und beherbergt mehr als 50 Unternehmen der Bio- und Gentechnologie, Medizin, Laser- und Computertechnik.

Offiziell wird am israelischen Institut für biologische Forschung in Nes Ziona an der Produktion von Medikamenten wie Antiseren und Antikörpern gearbeitet. Auch der Umweltforschung haben sich die Wissenschaftler des Institutes verschrieben. Nachdenklich stimmt jedoch, dass der Forschungspark, zwischen Autobahn und Wohngebieten, von elektrischen Zäunen und hohen Mauern umgeben ist und mit Videokameras dauernd bewacht wird. Sogar den israelischen Parlamentariern ist der Zutritt verweigert. Die israelische Tageszeitung Ha'aretz meldete, dass sich auf dem Gelände hundert Kühlschränke befinden, gefüllt mit »tödlichen Viren, die bei ihrer Freisetzung eine Katastrophe verursachen würden«.

Am 19. August 1998 wurde die Welt auf dieses kleine High-Tech-Industrie-Städtchen aufmerksam, als die Nachrichtenagenturen über tödliche Unfälle in Nes Ziona berichteten. Die in London erscheinende Fachzeitschrift *Foreign Report* hatte am Vortag berichtet, in dem Institut für biologische Studien - welches das Zentrum für Israels biologisches und chemisches Waffenprogramm ist, seien in den vorhergegangenen Jahren vier Angestellte getötet und 25 verletzt worden. In einem Fall habe die Evakuierung der gesamten Bevölkerung der Kleinstadt unmittelbar bevorgestanden. In dem 1952 eröffneten Institut gebe es Laboratorien der Kategorie P-3, in denen man mit »tödlichen Stoffen« experimentiere. Die Arbeit in dem Institut sei so geheim, dass der israelische Inlandsgeheimdienst Shin Beth eine Anfrage mehrerer israelischer Parlamentarier abgelehnt habe, die Einrichtung zu besichtigen. Ein israelischer Regierungssprecher dementierte diese Meldungen sofort und sagte indes dem israelischen Rundfunk, dass es in den 45 Jahren seit Gründung des Instituts keine derartigen Unfälle gegeben habe. Er äußerte sich aber nicht zu den Berichten, nach denen dort mit »tödlichen Kampfstoffen« experimentiert wird. Nach offiziellen israelischen Angaben produziert das Institut Chemikalien für den landwirtschaftlichen Gebrauch und arbeitet zudem für das israelische Verteidigungsministerium.

Wenige Wochen später offenbarte sich der zweite Skandal, als ein Sprecher der israelischen Luftfahrtgesellschaft El-Al gegenüber der dpa bestätigte, dass das am 4. Oktober 1992 in Amsterdam abgestürzte israelische Flugzeug 240 Kilogramm Chemikalien (Dimethyl-Methylphosphat, DMMP) zur Herstellung des Giftgases Sarin (Isopropylmethylphosphonofluridat, $C_4H_{10}FO_2P$) transportierte. Nach niederländischen Zeitungsberichten war die Chemikalie für das Israelische Institut für Biologische Forschung in Nes Ziona bestimmt. In Verbindung mit anderen Stoffen wird aus Dimethyl-Methylphoshat das tödliche Gift gewonnen, das 1995 bei einem Terroranschlag in der U-Bahn von Tokio benutzt worden war.

Bei dem Flugzeugabsturz 1992 auf Hochhäuser in Amsterdam waren die vier Besatzungsmitglieder sowie 39 weitere Menschen getötet worden. Einem Bericht zufolge klagen heute noch 700 Anwohner der Absturzstelle über gesundheitliche Beschwerden.

Im Zuge der parlamentarischen Untersuchung der Flugzeugkatastrophe wurde bekannt, dass fast die gesamte Führung der niederländischen Luftfahrtbehörde wusste, dass die El-Al-Maschine Giftstoffe und Militärgüter geladen hatte. Die Beamten hätten untereinander abgesprochen, die Politiker nicht über die Giftladung zu informieren, weil die Fluglinie EL-Al auf dem Amsterdamer Flughafen eine Sonderbehandlung genoss. Die Israelis, so gaben die Beamten ebenfalls zu Protokoll, konnten auf dem Flughafen schalten und walten, wie sie wollten. EL-AL-Flugzeuge, die eine Mängelliste von 25 Seiten aufwiesen, durften dennoch starten.

Niederländische EL-Al-Techniker, die sich weigerten, die für den Start notwendigen Unterschriften zu leisten, wurden von der EL-Al unter Druck gesetzt nach dem Motto »unterschreib', oder du verlierst deinen Job«. Der Sonderstatus der EL-Al war zweifelsohne auch den Politikern bekannt. Schließlich waren es die Innen- und Verkehrsministerin, die dazu die Anweisungen gegeben hatten.

Ein ranghoher niederländischer Diplomat: Die Sache sei verschwiegen worden, weil Den Haag vor der Weltöffentlichkeit nicht zugeben wollte, dass der Amsterdamer Flughafen seit Jahrzehnten eine Drehscheibe für israelische Rüstungstransporte sei.

Die neuesten Informationen aus militärischen Kreisen besagen, dass israelische Kampfflugzeuge für den Transport von biologischen und chemischen Massenvernichtungswaffen ausgerüstet werden. Nach einem Bericht der Sunday Times werden die Piloten der amerikanischen F-16-Angriffsflugzeugen ausgebildet, die Waffen »innerhalb von Minuten« nach dem Angriffsbefehl anzubringen.

Die Waffen-Connection

Eines der bestgehüteten Geheimnisse der letzten Jahrzehnte ist das Bündnis zwischen dem südafrikanischen Apartheid-Regime und Israel. Dieses Kapitel kann nur einen Auszug über die israelisch-südafrikanische Zusammenarbeit aufzeigen, da diese zu umfangreich ist. Victor Nahmias vom israelischen Staatsfernsehen erklärte im November 1984: *»In den israelischen-südafrikanischen Beziehungen gibt es viel mehr Verborgenes als Bekanntes.«* Während aufmerksamen Beobachtern in den 60er Jahren eine »seltsame Nichtbeziehung« zwischen den beiden Staaten aufviel, offenbahrte sich in den 70er Jahren ein anderes Bild: Geheimbesuche israelischer Politiker waren an der Tagesordnung, ebenso wie Gegenbesuche südafrikanischer Spitzenpolitiker. Die wenig öffentliche Zusammenarbeit dieser beiden Staaten wurde von mehreren internationalen Organisationen öffentlich benannt und angeprangert. So hat 1974 die UN-Vollversammlung eine Resolution verabschiedet, die diese Allianz verurteilte. Von der OAU (Organisation für Afrikanische Einheit) wurde Israel 1977 wegen seiner nukleartechnischen Zusammenarbeit mit Südafrika getadelt. 1983 stellte der Abgeordnete Yair Tzaban, unter der ausdrücklichen Erwähnung der nukleartechnischen Zusammenarbeit beider Länder, den erfolglosen Antrag über diese israelisch-südafrikanische Allianz zu debattieren. Auch später wurde zu dieser Frage nie offiziell Stellung bezogen.

1983 stellte R. Leonard in »South Africa at war« fest, dass Israel für Südafrika der engste militärische Verbündete und die wichtigste Bezugsquelle für Ideen, Know-how und Technik sei. In Israel unterbindet eine Militärzensur jegliche Berichterstattung zu der Israel-Südafrika-Connection, aber Informationen aus diversen internationalen Quellen lassen das Ausmaß der militärischen Kooperation zwischen beiden Staaten deutlich werden. »Der Johannesburger Star« am 17. April 1976: »Der Pakt geht eindeutig weit über die üblichen wirtschafts- und Kooperationsabkommen hinaus, die normalerweise einen Staatsbesuch in einem befreundeten Land abrunden [...] Der Kern des Paktes ist ein wechselseitiger Austausch von militärischem Gerät und Know-how, das beide Seiten dringend benötigen. Für beide handelt es sich praktisch um eine Überlebensfrage.«

Bereits 1963 gab es die erste Resolution der UNO für ein Waffenembargo gegen Südafrika. Diese Resolution 181 forderte alle Länder auf, Lieferungen von Rüstungsgütern an Südafrika einzustellen. Sie wurde durch die Resolution 418 im November 1977 den UN-Mitgliedsstatten zur Pflicht gemacht. Israel hatte diese Resolution schlichtweg ignoriert.

Israel lieferte Raketenboote, Düsenjäger, Raketen, Radarsysteme, Nachrichten- und Spionagetechnik, Munition und Ersatzteile an Südafrika. »Armaments Corporation of South Africa« (Armscor), ein südafrikanischer Rüstungskonzern lieferte einen Großteil dessen, was das Land an Kriegsgerät benötigte - einen großen Teil mit israelischen Lizenzen, wie z. B. Raketenboote und Schiffsraketen vom Typ Scorpion. *»Was am besten zu funktionieren scheint, ist nicht der schlichte Verkauf großer Waffensysteme, sondern: a) die Bereitstellung von Bausteinen modernem Kriegsgeräts - von Komponenten, Halbfabrikaten und universell nutzbarer Technologie, b) Lizenzgewährung und Koproduktion.«* (A. Kliemann, Israeli Arms Sales, 1984)

Südafrika spielte indes für die Produktion des Merkava-Panzers eine große Rolle. Die »South African Iron and Steel Corporation« lieferte die Panzerplatten für diesen Typ - eine südafrikanisch-israelische Coproduktion.

Der Economist berichtete 1981 über die Ausbildungshilfe Israels für südafrikanische Soldaten. Demnach sollen Hunderte von Südafrikanern israelische Militärschulen durchlaufen haben. Israelische Militärberater sollen sich in Südafrika als Ausbilder für Bodentruppen betätigt haben. 1986 schrieb ein israelischer Journalist in der Tageszeitung der Arbeiterpartei: *»Es ist ein jedermann bekanntes offenes Geheimnis, dass in (südafrikanischen) Kasernen israelische Offiziere in nicht geringer Zahl anzutreffen sind, deren Beschäftigung darin besteht, weißen Soldaten beizubringen, wie man mit aus Israel importierten Methoden schwarze Terroristen bekämpft.«*

Das Vorgehen der Israelis gegen die PLO spielte dabei eine wichtige Patentrolle für die südafrikanischen Militärs im Vorgehen gegen ANC-Stützpunkte.

Die südafrikanische Luftwaffe ist zur Gänze ein Produkt Israels. Ein Gemeinschaftsprojekt beider Staaten ist die Entwicklung von Atom-U-Booten. Eines der bestgehütetsten Geheimnisse der israelisch-südafrikanischen Allianz ist die Entwicklung nuklearer Waffentechnik. In Israel intensivierte sich unter dem Verteidigungsminister Shimon Peres die Aktivitäten im atomaren Bereich. Ende der 1950er Jahre wurde mit französischer Hilfe der Nuklearkomplex von Dimona errichtet. Darin läuft seit Anfang der 1960er Jahre der geheime Teil des israelischen Atomprogramms ab. K. N. Walz berichtete in »The Spread of Nuclear Weapons: More May Be

Better « 1984: »*Spätestens seit 1968 war Präsident Johnson durch den CIA über die Existenz israelischer Atomwaffen informiert, und im Juli 1970 übermittelte CIA-Direktor Richard Helms diese Information dem Auswärtigen Ausschuß des Senats. Diese und spätere Enthüllungen zogen keine Verurteilung Israels und keine Kürzung der Israel gewährten Hilfen nach sich.*«

Seit 1978 waren die atomaren Forschungsprogramme Israels und seine nukleare Zusammenarbeit mit Südafrika Gegenstand mehrerer Resolutionen der UN-Vollversammlung. Die nuklearen Anlagen beider Statten entzogen sich durch die Nichtunterzeichnung des Atomwaffensperrvertrages der internationalen Kontrolle.

Ab hier ist nur noch eine bruchstückhafte Rekonstruktion der israelisch-südafrikanischen Zusammenarbeit möglich: Am 21. Februar 1980 berichtete die US-amerikanische Fernsehgesellschaft CBS über eine bis 1955 zurückreichende Kooperation beider Staaten, die sich in letzter Zeit auf gemeinsame Atombombentests erstreckt habe.

In Südafrika begannen zeitgleich mit dem israelischen Dimona-Projekt die Bauarbeiten für das nukleare Forschungszentrum von Pelindaba. Unbestätigt sind Angaben, wonach Israel schon seit 1975 Uranlieferungen aus Südafrika, als Gegenleistung für konventionelle Waffen, erhalten habe soll. Sicher ist, dass Südafrika 1963 10 Tonnen angereichertes Uran für den Dimona-Reaktor geliefert hatte.

1977 berichtete die Sowjetunion über Vorbereitungen von Atombombentests in Südafrika in der Wüste Kalahari. Auf US-amerikanischen Druck hin, fand dieser Test nicht statt.Die sowjetische Nachrichtenagentur TASS berichtete am 8. August 1977 von einer Zusammenarbeit zwischen Israel und Südafrika bei der Entwicklung von Atomwaffen.

Es gibt eine Vielzahl weiterer Indizien für die Südafrika-Israel-Connection bezüglich der Produktion von Waffen. Das ausgerechnet Israel und Südafrika der Forschung an Gen-Waffen bezichtigt werden, läßt einen großen Raum für Spekulationen zu. Viele Informationen zu diesen Projekten mögen nie die Öffentlichkeit erreichen.

Interview mit Dr. Daan Goosen

Dr. Daan Goosen war Geschäftsführer bei den *Robdeplaat Research Laboratories* in Südafrika.

Was haben Sie bei den Robdeplaat Resarch Laboratories getan?

... Wir waren an Forschungsprojekten mit traumatischen Patienten beteiligt. Aber dann wurden wir mehr und mehr an heimlichen Projekten beteiligt und ich wurde gefragt, ob ich interessiert wäre, bei biologischen Arbeiten zur Kriegsführung zu assistieren.

Hat er (Dr. Wouter Basson) erläutert, ob es sich um ein defensives oder offensives Programm handelt oder um beides?

... Zunächst war ich an medizinischen Forschungen in der

Universität beteiligt, ich war nur an Forschungsprojekten mit nicht-menschlichen Primaten beteiligt. Dann wurde ich gefragt, ob ich ihm Toxine und Gifte von Bakterien zur Verfügung stellen könne, die spezifische Ziele haben.

Was waren die Ziele?

Die Ziele waren zu dieser Zeit noch nicht spezifisch, da wir dazu noch nicht in der Lage waren. Wir wussten, dass ... Terroristen und politische Personen des ANC das Ziel waren.

Über welche Produkte reden wir? Können Sie diese benennen?

Wir nahmen an, dass wir komplette chemische und biologische Waffen für die afrikanische Regierung entwickeln.

Das beinhaltete nicht nur offensive Programme, sondern auch defensive. Auf dieser offensiven Natur, nahmen wir an, dass wir die ganze Palette der Entwicklung chemischer und biologischer Produkte abdeckten. Das Programm war, neue biologische und chemische Produkte in zwei Kategorien zu designen - eine war differenziertere Massenvernichtungswaffen und die andere (Kategorie) war ein von uns Dirty tricks genanntes Programm, bei welchem die Produkte einen individuellen Mord ermöglichen sollten. Sie waren hergestellt aus Toxinen und Chemikalien aus Pflanzen, somit biologischer Natur.

Können Sie zunächst das offizielle Programm benennen, an welcher Art von Mitteln Sie arbeiteten?

Die meisten Mittel, mit welchen wir arbeiteten waren Standarttoxine ... bei der Dirty Trick-Art waren es Produkte, die entwickelt wurden, um einzelne Individuen zu treffen ... Die Bakterie, an der wir arbeiteten war eine run-of-the-mill Bakterie, sie war allgemein bekannt im Bereich der biologischen Kriegsführung. Es waren Anthrax, Cholera, Bakterien die Nahrung vergiften wie Salmonellen, Tetanus und andere derartige Bakterien.

Haben Sie mit *Anthrax* gearbeitet?

Auf der biologischen Seite arbeiteten wir mit Toxinen, weniger mit Anthrax, aber an individuellen Organismen, die spezielle Toxine produzieren, die sehr toxisch auf ein Individuum wirken. Das waren nahrungsvergiftende Drogen ... Botolismus ... alle Standart-Typen der Organismen, die sehr schnell und einfach wachsen. Wir waren an Arbeiten mit einer großen Bandbreite an Bakterien beteiligt, Anthrax war eine davon, aber es war nicht sehr erfolgreich auf der Skala der biologischen Waffen.

Haben Sie mit *HIV* gearbeitet?

Nein, wir haben nicht mit HIV gearbeitet, obwohl wir geplant hatten, damit zu arbeiten. Aber die legitimierte Arbeit war für eine europäische Pharmazeutik Gesellschaft.

Wenn Sie sagen, Sie haben mit den Bakterien gearbeitet, haben Sie diese dann auch getestet und an wem wurden sie getestet?

Hauptsächlich haben wir ein Team von Wissenschaftlern auf einem sehr hohen qualitativen Standart geführt und haben diese Wissenschaftler mit sehr differenzierten Laboratorien versorgen können, um differenzierte Programme auf biologischer Basis zu erarbeiten. Diese Laboratorien wurden eingerichtet, um eine spezielle Bakterie wachsen zu lassen, wir haben keine Viren entwickelt ... Wir waren ebenfalls an der Entwicklung und Produktion dieser Substanzen beteiligt und haben diese getestet. Diese spezifisch ethischen (Bakterien) und Dosierungen wurden an Tieren angewendet.

An welchen Tieren?

Wir nutzten nicht-menschliche Primaten, Paviane und anderen Affen. Wir benutzten auch normale Labor-Nagetiere.

Die Tiere wurden bei den Tests geopfert?

Die Tiere wurden bei den Tests geopfert. Wie ich schon gesagt habe, war das Level der Differenzierung bei der Arbeit noch nicht sehr hoch ...

Haben Sie auch Tests an Menschen vorgenommen?

Nein.

Wurde dies jemals diskutiert oder geplant?

Nein, dies war nicht geplant.

Sie arbeiteten an einer Droge, die Menschen unfruchtbar macht. Erzählen Sie darüber und wer das Ziel dieser Droge sein sollte.

Das Ziel sollte die schwarze Bevölkerung sein. Das schwerwiegendste Problem, so wurde uns erzählt, war die Geburtenrate der schwarzen Bevölkerung, diese würde über die Ressourcen des Landes hinauswachsen. Daher musste dies unter Kontrolle gebracht werden. Es gab keine Zweifel darüber. Dies wurde uns von Dr. Basson übergeben, dem »Ober-Chirurg«. Es war klar, dass dies das wichtigste Projekt war, an welchem wir arbeiteten.

Und was war das?

Wir sind an dieses Problem von verschiedenen Seiten herangegangen ...

Entwicklung von Impfungen für Männer und Frauen. Diese empfängnisverhütende Forschung wurde weltweit betrieben, daher war es einfach an grundsätzliche Informationen zu gelangen.

Aber die Empfängnisverhütung wurde an den Menschen heimlich verübt oder unter Vorwänden.

Ja, wir haben an Produkten gearbeitet, die ohne das Wissen der Menschen verabreicht wurden, oral oder in irgendeiner Form von Impfung.

Haben Sie an einem Projekt gearbeitet, dass Herzinfarkte bei Menschen hervorrufen kann?

Dies waren einige Toxine aus Pflanzen, die möglicherweise Herzinfarkte bei Menschen verursacht haben.

Wurde dies an *Paviane* getestet?

Ja, ... es wurde an Pavianen getestet.

Hatten die *Paviane* Herzinfarkte?

Einige von ihnen hatten leichte Attacken.

Haben Sie jemals gewusst, dass die Ziele möglicherweise tödliche biologische Waffen waren?

Davon habe ich nichts gewusst. Wir hatten viele Diskussionen wegen der Führung des ANC während dieser Zeit. Die Diskussionen beinhalteten Mandela abzusetzen. Aber es waren unspezifische Diskussionen ...

Wann haben Sie sich entschieden die Sache abzublasen?

Was mich von Anfang an bedrückte, war dass *Dr. Basson* und die Kontaktpersonen nicht daran interessiert waren, sorgfältig designte und entwickelte Produkte zu nutzen. Dann erkannte ich, dass sie Produkte bei unschuldigen Personen benutzten, die nicht kultiviert und getestet waren und sehr schädlich sein konnten ...

Wer dies hört könnte sie der Heuchlerei beschuldigen, da es eine ethische Dimension bei der biologischen Kriegsführung gibt. Es scheint, dass Sie eine Unterscheidung machen, die besagt, dass biologische Kriegsführung ethisch gesehen in Ordnung ist, aber wenn es auf unwissenschaftliche Art betrieben wird, ist es nicht in Ordnung.

Ja ... wenn es auf unwissenschaftliche und unordentliche Art betrieben wird, ist es nichts für uns. Wie ich gesagt habe, wollten wir, dass das was wir machen kontrolliert werden muss und es nur kontrolliert benutzt werden sollte. Als mir klar wurde, dass dies nicht der Fall war, war ich sehr unglücklich über die Situation.

Möchten Sie damit sagen, dass Sie es ethisch korrekt finden an offensiven biologischen Kriegsführungsprogrammen teilzunehmen, aber es aufgegeben haben, als es unordentlich wurde bzw. nicht auf die Art und Weise bearbeitet wurde, wie Sie es sich vorstellten?

Ja ... ich denke in den späten 70ern und frühen 80er waren die biologischen Waffen nicht so kontrolliert wie in den 90ern. Es war eine neue Ära und alle waren in der Post-Atomaren Ära. Biologische Waffen waren ein neues Feld, es wurde von allen Ländern betrieben, auch England (Porton Down) und in Amerika (Fort Detrick). Wir wussten, dass sie daran arbeiteten und hatten Kontakt mit ihnen und mit den Waffen, die sie entwickelten. Es war nicht so sehr eine ethische Frage, wie es heute der Fall ist, da wir jetzt über die Gefahren des Missbrauchs Bescheid wissen ...

Wie erfolgreich, effizient und differenziert war das biologische Kriegsführungsprogramm nach ihrem Wissen?

Das Interessante an diesem Programm war das Phänomen, dass die Möglichkeit bestand, dass es sehr differenziert sein konnte. Wir führten das Können ein, einen genetischen Motor und solche Dinge zu produzieren, die biologische Produkte produzieren. Aber nichts von dem gab es tatsächlich.

Aber Sie brauchen es nicht zu produzieren? Es reicht das Wissen darüber, die Produktion ist einfach. Man kann es in einem Labor in 48 Stunden produzieren.

Ja, das ist ein großer Mythos, der um die biologischen Waffen kreist, aber es ist eine Falschinformation. Impfstoffe können in einem normalen Labor Tonnen von Toxinen produzieren, die missbraucht werden können. Aber es wurde keine biologische Waffe entwickelt und produziert mit diesem Programm.

Aber was hat die Briten und Amerikaner an diesem Programm so beunruhigt, dass sie bei zwei Gelegenheiten *F. W. de Klerk* und bei der anderen Gelegenheit Präsident *Mandela* sehen wollten und sagten: »Geben sie das Programm auf«? Worüber waren sie beunruhigt?

Ich wünschte ich wüsste es. Aber wie ich sagte, es hat das Potential. Aber die Einrichtungen waren state-of-the-art Einrichtungen. Die Laboratorien, die P 4 Inhalte, alles. Die Wissenschaftler-Versammlungen hatten das Potential, eine biologische Waffe zu entwickeln. Aber es wurde nie getan. Immer wenn wir zu dem Punkt kamen es zu produzieren, gab es keine Unterstützung für die Wissenschaftler. Es war sehr uneffektiv.

Aber sie haben das Wissen produziert ...

Ja, wir haben das Wissen produziert.

Und einige Menschen wurden getötet?

Ja ... aber die Morde waren zu primitiv für das Produkt. Dies ist mein Punkt, der mich beunruhigt, sie waren nicht interessiert an wirklich differenzierten Waffen.

Wie geheim war das Projekt?

Das Projekt war ein Top-Secret Projekt der Regierung.

Viele Leute wussten gar nicht, dass sie daran arbeiteten?

Ja, wie ich schon sagte, die Notwendigkeit etwas zu wissen war vom Level abhängig. Die niederen Levels wussten nichts von allem ...

Wird *Dr. Basson* immer noch beschützt? Was ist der Sinn davon?

Er wurde tatsächlich beschützt nachdem das Program aufgegeben wurde, auch von der neuen Regierung. Projet Coast wurde unterstützt von Office of Serios Economic Offenses, für einige Zeit wurde es auch von der neuen Regierung unterstützt.

Warum nennen Sie es die sogenannte Aufgabe des Programms?

Die Existenz des Programms wurde für viele Jahre verneint, auch die Übergangsperiode zur neuen Regierung verneinte das Programm ... Es wurde verneint als offensives Programm. Aber sie verneinen, dass es eine Möglichkeit gibt, dass es nicht komplett demontiert ist. Das ist ein Aspekt. Der andere Aspekt ist, dass sie immer noch erklären, dass die Produkte leicht zu erwerben sind, aber es sind Menschen, die es benutzen müssen und so lange diese Menschen nicht unter Kontrolle sind, ist dieses Programm nicht unter Kontrolle. Und so lange Dr. Basson und seine Verbündeten immer noch in Krankenhäusern und in der medizinischen Forschung arbeiten, kann das Programm wieder aktiviert oder immer noch bearbeitet werden.

Denken Sie, dass die ganze Arbeit je herauskommen wird?

Das ist eine gute Frage. Ehrlicherweise denke ich nicht, so wie ich diesen Konzern kenne, dass die volle Wahrheit je herauskommen wird.

Also ist sie noch nicht heraus gekommen?

Nein.

Wie denken Sie könnte das Programm der biologischen Kriegsführung heute kontrolliert werden?

Es ist sehr schwer es zu kontrollieren. Und es ist sehr kontrovers im Moment. Es gibt keinen Nutzen Wissenschaftler und Laboratorien zu kontrollieren. Die wirkliche Kontrolle muss bei der Kontrolle der Menschen liegen, die entscheiden, wer sie anwendet und das sind die Politiker. So lange dies nicht getan wird, kann ich ihnen sagen, dass man es nicht kontrollieren kann.

Die Geschichte der B-Waffen

Die Geschichte der B-Waffen ist lang. So sollen im Mittelalter pestverseuchte Leichen über Stadtmauern katapultiert worden sein, um eine Epidemie hervorzurufen. Einige hundert Jahre später wurden nordamerikanischen Indianern mit Pokken infizierte Decken geschenkt. Die Planungen für die systematische biologische Kriegsführung begann in den USA während des Zweiten Weltkrieges. 1942 hatte die amerikanische Nationale Akademie der Wissenschaften einen Bericht an den Kriegsminister Stimson verfasst, worin die Erforschung der biologischen Kriegsführung empfohlen wurde. Im Juli 1943 wurde Präsident Roosevelt erstmals über das Projekt informiert. Obwohl der Kriegsminister die biologische Kriegsführung als »schmutziges Geschäft« bezeichnete, wurde es in Angriff genommen. Zentrum der Forschungen war Camp Detrick, später Fort Detrick im US-

Bundesstaat Maryland. Die entsprechende Produktionsstätte für B-Waffen errichteten die USA in Terre Haute, Indiana. Als Testgelände stand das 650 Quadratkilometer umfassende militärische Versuchsgelände in Utah zur Verfügung.

Ende 1943 begannen die ersten Arbeiten an einer Milzbrand-Bombe. Diese Bombe enthielt 106 Sprengkapseln mit tödlichen Bakterien, die beim Aufprall platzen sollten.

Deutschland war im Zweiten Weltkrieg nur am Rande mit biologischen Waffen beschäftigt. Zu Beginn des Krieges war die Wehrmacht nicht an biologischer Kriegsführung interessiert, da sie diese für unberechenbar hielt. 1940 entdeckten die Deutschen bei ihrem Einmarsch in Paris jedoch ein Forschungslabor für biologische Kriegsführung, in dem schon seit 1922 an biologischen Waffen geforscht wurde und nun eine deutsche Forschungseinheit unter der Leitung des Bakteriologen Heinrich Kliewe eingesetzt wurde. Das Experiment wurde jedoch eingestellt, als Hitler 1942 jegliche deutsche biologische Offensivforschung verbot. Damit war das Dritte Reich eine der wenigen kriegsteilnehmenden Großmächte, die das Genfer Protokoll bezüglich biologischer Kriegsführung einhielten.

In den 50er und 60er Jahren testete man in den USA biologische »Ersatzagenten« in U-Bahnsystemen und ganzen Städten, wodurch wahrscheinlich viele US-Bürger infiziert wurden. Die USA wurde auch beschuldigt biologische Waffen in Afrika, Südostasien und Kuba eingesetzt zu haben.

In Großbritannien wurde bereits 1940 in Port Down, in fortführung des 1934 gegründeten British Biological Warface Project (Britisch-biologisches Kriegsführungsprojekt), das Biological Department (BDP) zur biologischen Kriegsführung gegründet und auf den Ernstfall vorbereitet.

1942 testeten die Briten auf der Insel Gruinard zum ersten Mal die Anthrax(Milzbrand)-Bombe. Ziel waren 60 Schafe, die binnen weniger Tage verendeten.

Bis 1990 stand die Insel wegen dieser Versuche unter Quarantäne.

Nach den Versuche wurde festgestellt, dass die Milzbrand-Sporen in den Boden eingedrungen waren und diesen dauerhaft verseucht hatten. Die Insel wurde darauf hin zum Sperrgebiet erklärt. Die jährlich entnommenen Bodenproben und deren Untersuchung ergab jedoch keine wesentliche Abnahme der Kontaminierung. 1986 wurde mit der Dekontaminierung begonnen. Erst am 24. April 1990 wurde die Insel von einem Vertreter des britischen Verteidigungsministeriums für wieder bewohnbar erklärt. Eine neue Schafherde wurde auf die Insel gebracht. Auch sie existiert nicht mehr.

Aus freigegebenen Porton Down-Dokumenten geht hervor, dass die Briten bereits 1941 eine Reihe von Anthrax-Experimenten gestartet haben, bei denen Anthrax-Sporen aus Flugzeugen gesprüht wurden.

Die Ermutigung zur weiteren Anthraxforschung in Großbritannien kam von höchster Ebene. Der engste wissenschaftliche Berater des früheren britischen Premierminister Winston Churchill, Lord Cherwell, teilte Churchill Anfang 1944 mit, dass Großbritannien aufgrund des »entsetzlichen Potenzials« von Anthrax, keine andere Wahl habe, als mit den Erregern gefüllte Bomben zu entwickeln. Als Reaktion darauf befahl Churchill seinen Militärführern, 500.000 Anthraxbomben aus den Vereinigten Staaten anzufordern. »Wir sollten es als eine erste Lieferung betrachten.« Bereits schon zwei Monate später wurden 5000 dieser Bomben über den Atlantik transportiert.

Winston Churchill hat im Zweiten Weltkrieg ebenfalls den Einsatz von Bakterien gegen Deutschland erwogen. Er ließ die Möglichkeit prüfen, über Berlin, Hamburg, Frankfurt und Stuttgart Millionen Bomben mit Milzbrand-Erregern abzuwerfen. Die BBC berichtete, es sei geplant gewesen, an einem Tag von 2.700 Flugzeugen der Alliierten über Deutschland

Milzbranderreger abzuwerfen zu lassen. Allerdings kamen diese Waffen nicht zum Einsatz. Bevor eine ausreichende Zahl dieser Waffen zur Verfügung stand, neigte sich der Krieg bereits dem Ende entgegen.

Churchill plante Angriff mit Bakterien auf deutsche Städte

SAD London

Der frühere britische Premierminister Winston Churchill hat im Zweiten Weltkrieg den Einsatz von Giftgas und Bakterien gegen Deutschland erwogen. Er ließ die Möglichkeit prüfen, über Berlin, Hamburg, Frankfurt und Stuttgart Millionen Bomben mit Milzbrand-Erregern abzuwerfen. Dies geht aus Dokumenten hervor, die jetzt bei der Vorbereitung einer Fernsehsendung der britischen Fernsehgesellschaft BBC entdeckt wurden.

Im Sommer 1944 hatten die Treffer deutscher Fernraketen im Stadtgebiet von London den britischen Premier in tiefe Sorge versetzt. Churchill zu seinen Stabschefs: „Wenn große Raketen mit großer Reichweite und verheerender Sprengkraft auf viele Regierungs- und Industriezentren fallen sollen, wäre ich bereit, alles zu tun, den Feind an einem mörderischen Punkt zu treffen."

Der Premier weiter: „Wir könnten das Ruhrgebiet und viele andere Orte in Deutschland derart mit Giftgas überziehen, daß der größte Teil der Bevölkerung einer ärztlichen Behandlung bedürfte."

Die Fernsehanstalt BBC berichtete, es sei geplant gewesen, an einem Tag von 2700 Flugzeugen der Alliierten über Deutschland Bomben mit Milzbrand-Erregern abwerfen zu lassen. Milzbrand ist eine für Mensch und Tier tödliche Seuche. Ein Angriff dieses Umfangs hätte den Tod von drei Millionen Menschen zur Folge haben können. Nach Ansicht eines britischen Experten wären die von einer Bombardierung dieser Art betroffenen Städte auch heute noch nicht bewohnbar.

Die Briten, so heißt es, entwickelten eine Milzbrand-Bombe. Bevor jedoch eine hinreichende Zahl dieser Waffen zur Verfügung stand, neigte sich der Krieg bereits seinem Ende zu.

Nach dem Zweiten Weltkrieg gingen die Forschungen unvermindert weiter. Im Februar 1997 bestätigte die britische Regierung durch Verteidigungssekretär Portillo, dass Großbritannien zwischen 1964 und 1977 über London und Südengland geheime Experimente zur biologischen Kriegsführung durchgeführt hat, um zu testen, in welcher Weise sie durch die Luft verbreitet werden und wie sich Umwelteinwirkungen auf die Lebensgefährlichkeit von Organismen auswirken. Der Daily Telegraph zitierte verschiedene Ärzte, die bei den verwendeten Bakterien ein Infektions- oder Krankheitsrisiko für den Menschen nicht ausschließen wollten.

Auch China soll laut *New York Times* in den späten 80er Jahren bakteriologische Waffen entwickelt haben und löste dabei im eigenen Land zwei Epidemien aus. Die damalige sowjetische Aufklärung habe per Satellit in China eine Anlage ausgemacht, die nach einem B-Waffen-Labor ausgesehen habe. In derselben Region seien zwei Fieberepidemien mit schweren Blutungen aufgetreten. Die sowjetischen Experten seien zu dem Schluß gekommen, dass die Chinesen mit Krankheitserregern wie dem afrikanischen Ebola-Virus experimentiert hätten und dass dabei zweimal ein Unfall geschehen sei. China hatte schon 1972 das Abkommen über das Verbot bakteriologischer Waffen unterzeichnet.

1999 mit der Veröffentlichung des Buches »Direktorium 15« ist das umfassende B-Waffen Forschungsprogramm der Sowjets bekannt geworden. 1973 gründeten die Sowjets eine Behörde zur Erforschung und Herstellung biologischer Waffen, obwohl diese ebenfalls bereits 1972 die Konvention über das Verbot biologischer und toxikologischer Waffen unterzeichneten. Obwohl *Gorbatschow* und *Jelzin* offiziell erklärt hatten, die Entwicklung von Biowaffen einzustellen, lief die Produktion insgeheim auf Hochtouren weiter. Dieser Horrorfabrik gehörten 60.000 Wissenschaftler und militärische Mitarbeiter an. Laut *New York Times* beschafften sich die sowjetischen Wissenschaftler 1985 eine Probe des *Aids*-Virus aus den USA, um ihn als Waffe einsetzen zu können.

Der enorme Fortschritt in der Gentechnik bedeutet für die biologische Kriegsführung, dass die Entwicklung von wirksameren und vor allem spezifischen Waffen nicht nur möglich ist, sondern von Tag zu Tag leichter wird.

Klassische Biologische Kampfstoffe

Biologische Kampfstoffe sind Erreger von natürlichen Krankheiten in hoher Dosis. Diese Waffen töten unschuldige Menschen durch Krankheiten wie Typhus, Pest, Cholera, etc. Für Menschen besonders gefährlich sind Botulinus-Toxin und Milzbrand-Bakterien, zwei extrem tödliche Substanzen.

Botulinus-Toxin

Botulinus-Toxin, ein Gift das von dem Clostridium botulinum-Bakterium produziert wird. Bei diesem Stoff handelt es sich um das stärkste biologische Gift überhaupt. Schon 0,1 mg dieses Stoffes sind tödlich. Das Bakterium ist sehr resistent und kann u. a. ca. 6 Stunden bei einer Temperatur von 100 Grad Celsius überleben.

Im Gegensatz zu Japan und den USA tritt dieses Bakterium in Europa sehr selten auf. Zwischen 1979 und 1988 verzeichnete ein Pariser Institut 148 Fälle.

Bei einer Infektion tritt der Tod meist durch Herzstillstand oder Atemlähmung ein. Die Inkubationszeit beträgt zwischen 18 Stunden und 14 Tage. Es kommt zur Lähmung - vor allem den Kopfnerven, Zuckungen der Hals- und Gliedermuskulatur, Sprechschwierigkeiten und Schwächegefühl.

Milzbrand

Eine bakterielle Infektion deren Symptome sich darin zeigen, dass der Erkrankte Fieber, Bläschen und Geschwülste auf der Haut bekommt und erbricht. Schwere Atemnot, Schock, Koma und in den schlimmsten Fällen auch der eintretende Tod sind die Folgeerscheinungen. Die Krankheit überträgt sich durch Kontakt mit infizierten Personen.

Im frühen Stadium kann die Krankheit mit Antibiotika behandelt werden. Eine Impfung gegen Milzbrand ist möglich. Die anschwellende und sich brandig färbende Milz ist der Namensgeber dieser Krankheit.

Innerhalb von 10 Stunden kann man aus einer einzigen Milzbrand-Bakterie eine Milliarde Bakterien leicht herstellen. Tödlich wirken schon 1.000 eingeatmete Bakterien.

Bisher wurde Milzbrand kaum eingesetzt, weil dadurch ganze Gebiete jahrelang verseucht sein können.

So geschehen, als die Engländer in den 1940er Jahren eine schottische Küsteninsel verseuchten und nach einem halben Jahrzehnt noch immer Tausende dieser Bakterien vorgefunden wurden. Schätzungen besagen, dass neben Israel 16 Staaten auf der Erde über biologische Waffen verfügen.

Brucellose

Brucellose ist eine der bedeutensten Tierkrankheiten der Welt. Sie wird durch Infektion mit einer von sechs Arten der Spezies Brucellae verursacht. Bei infizierten Tieren befällt Brucellose bevorzugt die Reproduktionsorgane. Brucellose ist deshalb eine Krankheit mit großen wirtschaftlichen Folgen für Tierhaltung und Tierproduktion.

Vier Arten davon sind für den Menschen pathogen. Infektionen bei Beschäftigten in Laboratorien legen nahe, dass Brucellen als Aerosol hoch infektiös sind. Man schätzt, dass die Inhalation von nur 10 bis 100 Bakterien ausreicht, um beim Menschen eine Infektion auszulösen. Die Sterblichkeitsrate liegt bei ca. 5 Prozent.

Im Jahr 1954 wurde Brucella im damaligen Offensivwaffenprogramm der USA im Arsenal von Pine Bluff waffenfähig aufmunitioniert.

Pest

Yersinia pestis ist ein stäbchenförmiges, unbewegliches, nicht sporenbildendes Bakterium.. Es verursacht Pest, Lungenpest und Beulenpest.Bei einer Freisetzung als Aerosol wäre Lungenpest die vorherrschende Form.

Die Vereinigten Staaten arbeiteten in den 50er- und 60er-Jahren mit Y. pestis als potentiellem Biowaffenerreger. Andere Länder stehen unter Verdacht, den Erreger waffenfähig aufbereitet zu haben. In der ehemaligen Sowjetunion arbeiteten mehr als 10 Institute und Tausende von Wissenschaftlern mit Pest. Beim Menschen verläuft die nicht behandelte Beulenpest in ca. 60 Prozent der Fälle tödlich. Bei der Lungenpest sind es annähernd 100 Prozent.

Viren

Viren gehören zu den am einfachsten konstruierten Mikroorganismen. Sie bestehen aus einer Kapsel, die

Tabelle x: Für die militärische Plan-

Kampfstoff	Krankheit	Inkubation
Bacillus anthracis	Anthrax (Milzbrand)	1-5 Tage
Botulinum toxic	Botulismus	2-36 Std.
VEE Virus	Encephalitis (Venezuelan Equine)	2-5 Tage
Yersina pestis	Lungenpest	2-5 Tage
Viola Virus	Pocken	12 Tage
Ricinus communis	Rizinvergiftung	1-10 Std.

ung relevanter biologischer Waffen

Symptome	Tödlichkeit	Ansteckung
hohes Fieber, Atemnot, rasender Puls	90 %	hoch
Müdigkeit, Übelkeit, Krämpfe, Atemlähmung	65 %	keine
Infektion des zentralen Nervensystems	< 1 %	keine
Lungenent-zündung, Blutgerinsel	fast 100 %	hoch
Fieber, Schüttelfrost	25-40 %	hoch
Übelkeit, Zuckungen, Leber- und Nierenschäden	fast 100 %	keine

genetisches Material enthält: entweder RNA oder DNA.

Viren sind zwischen 0,02 µm und 0,2 µm (1 µm =1/1.000 mm) groß und somit erheblich kleiner als Bakterien.

Viren sind Parasiten ohne eigenen Stoffwechsel. Sie hängen deshalb von ihrer Wirtszellen ab. Das bedeutet, dass Viren nicht in künstlichen Nährmedien gezüchtet werden können. Für ihre Vermehrung hängen sie von lebenden Zellen, Menschen, Tieren, Pflanzen oder von Bakterien ab.

Viren können sich als weit gefährlicher herausstellen als Pocken und Anthrax und sich daher besonders als Biowaffen eignen. »Die Sequenz des gefährlichen Virus, das 1918 weltweit zwischen 20 und 40 Millionen Menschen das Leben gekostet hat, ist mittlerweile komplett entschlüsselt. Wenn sie in falsche Hände gerät, könnten neue virulente Stämme gezüchtet werden.

Eine Verteilung der Viren über Aerosole wäre kein Problem. Dadurch könnten viele Menschen rasch infiziert werden, was die Methode zu einer attraktiven biologischen Waffe machen würde«, meint Mohammed Madjid vom Texas Health Science Center.

Zu potenziellen humanpathogener B-Waffen-Agenzien gehören: Bunyaviren (Heartland-Virus, SFTSV), Chikungunya-Virus, Coronaviren (MERS-Coronavirus, SARS-Coronavirus), Flaviviren (Japanisches Enzephalitisvirus, St. Louis Enzephalitisvirus, Krim-Kongo-hämorrhagisches Fieber-Virus, Gelbfieber-Virus, Virus der Kyasanur'schen Waldkrankheit, Virus des Omsker hämorrhagischen Fiebers), FSME-Virus und verwandte Serotypen, Powassan-Virus, Alkhurma-Virus, Influenzaviren, HFRS-Hantaviren, Henipaviren, Tollwut-Virus, Arenaviren (Chapare-Virus, Guanarito-Virus, Junín-Virus, Lassa-Virus, Lujo-Virus, Machupo-Virus), Dengue-Viren 1–4, Filoviren (Ebola-, Marburgviren), Hepatitis-A-Virus, Rift-Valley-Fieber-Virus (RVFV), u.v.a.

Damit Viren und Bakterien als biologische Kampfstoffe eingesetzt werden können, müssen sie bestimmte Kriterien erfüllen:

- Viren und Bakterien müssen in grossen Mengen produziert werden können.
- Sie müssen eine hohe Tenazität (d. h. Überleben ausserhalb einer Wirtszelle) haben.
- Sie müssen beim Menschen eine hoch ansteckende Krankheit mit hoher Sterblichkeit erzeugen.
- Die Krankheitserreger müssen in Waffen untergebracht oder als Aerosol versprüht werden können.

Die B-Waffen-Konvention

Die B-Waffen-Konvention (BWC) wurde 1972 vereinbart und ist 1975 in Kraft getreten. Diese Konvention war eine der ersten internationalen Vereinbarungen, die eine ganze Reihe von Massenvernichtungswaffen verboten hat.

Heute hat sich der Status von B-Waffen stark verändert. Durch enorme Fortschritte in der Biotechnologie, welche auch die Entwicklung der Gentechnik beinhaltet, werden Befürchtungen laut, dass entsprechend militärischer Anforderungen neue, effektivere biologische Waffen entwickelt werden könnten. Ob diese Gen-Waffen bereits existieren, oder noch in den Forschungslaboratorien der Kriegsmaschinerien konstruiert werden, bleibt eine offene Frage. Dennoch sind biologische Waffen seit der Entwicklung der Gentechnik eine größere, aktuelle Bedrohung.

Alle fünf Jahre findet eine Konferenz der BWC statt, welche die Wirksamkeit der Konvention überprüfen und Wege zur Stärkung des Übereinkommens ausarbeiten soll. Bei der zweiten Überprüfungskonferenz 1986 wurden zwei Unklarheiten beseitigt. Bis zu diesem Zeitpunkt wurde oft die Frage gestellt, ob die Verbotsdefinition in Artikel I des Vertrages umfassend genug sei, um biologische Waffen, die durch die Gentechnik geschaffen werden, abzudecken.

Die dritte Überprüfungskonferenz hat sich erneut der Frage der Verbotsdefinition gewidmet. In der Abschlusserklärung haben die Delegierten nochmals beteuert, dass die Formulierung der Verbote im Artikel I die neuen Entwicklungen in der Biotechnologie (einschließlich Gentechnik) deckt.

Die immer wiederholten Versicherungen bezüglich des Umfangs der Verbote spiegeln die ständigen Besorgnisse der Vertragsstaaten um die rasanten Entwicklungen in der Biotechnologie bzw. der Gentechnik wider.

Die große Schwäche der Konvention ist jedoch nach wie vor, dass die Teilnahme an dem Informationsaustausch nur politisch und nicht gesetzlich bindend ist. Auch existiert keine Einrichtung, die zwischen den Überprüfungskonferenzen die Erklärungen einsammelt und auswertet. Eine vorläufige Analyse der Effektivität des Informationsaustausches bis 1994 zeigt, dass die Teilnahme an der Berichterstattung noch mangelhaft ist. Obwohl die Teilnahme über die Jahre langsam gestiegen ist, kann diese insgesamt als nicht zufriedenstellend bezeichnet werden, vor allem im Hinblick auf die Regelmässigkeit der Beteiligung.

Dokumentenanhang

Übereinkommen über das Verbot der Entwicklung, Herstellung und Lagerung bakteriologischer (biologischer) Waffen und von Toxinwaffen sowie über die Vernichtung solcher Waffen

Die Vertragsstaaten dieses Übereinkommens -

entschlossen zu handeln, um wirksame Fortschritte auf dem Wege zur allgemeinen und vollständigen Abrüstung, einschließlich des Verbots und der Beseitigung aller Arten von Massenvernichtungswaffen zu erzielen, und überzeugt, dass das Verbot der Entwicklung, Herstellung und Lagerung chemischer und bakteriologischer (biologischer) Waffen sowie ihre Beseitigung durch wirksame Maßnahmen und vollständigen Abrüstung unter strenger und wirksamer internationaler Kontrolle erleichtern wird.

In Anerkennung der großen Bedeutung des in Genf am 17. Juni 1925 unterzeichneten Protokolls über das Verbot der Verwendung von erstickenden, giftigen oder ähnlichen Gasen sowie von bakteriologischen Mitteln im Kriege und eingedenk auch des Beitrags, den das genannte Protokoll zur Milderung der Schrecken des Krieges bereits geleistet hat und noch leistet,

in erneuter Bekräftigung ihres Bekenntnisses zu den Grundsätzen und Zielen jenes Protokolls und mit der an alle Staaten gerichteten Aufforderung, sich streng daran zu halten,

eingedenk dessen, dass die Generalversammlung der Vereinten Nationen wiederholt alle Maßnahmen verurteilt hat, die im Widerspruch zu den Grundsätzen und Zielen des Genfer Protokolls vom 17. Juni 1925 stehen,

in dem Wunsch, zur Festigung des Vertrauens zwischen den Völkern und zur allgemeinen Verbesserung der internationalen Atmosphäre beizutragen,

in dem Wunsch ferner, zur Verwirklichung der Ziele und Grundsätze der Charta der Vereinten Nationen beizutragen,

überzeugt, dass es wichtig und dringend geboten ist, derart gefährliche Massenvernichtungswaffen wie diejenigen, die chemische oder bakteriologische (biologische) Agenzien verwenden, durch wirksame Maßnahmen aus den Waffenbeständen der Staaten zu entfernen,

in der Erkenntnis, dass eine Übereinkunft über das Verbot bakteriologischer (biologischer) Waffen und von Toxinwaffen einen ersten möglichen Schritt zur Erzielung einer Übereinkunft über wirksame Maßnahmen auch für das Verbot der Entwicklung, Herstellung und Lagerung chemischer Waffen darstellt, und entschlossen, auf dieses Ziel gerichtete Verhandlungen fortzusetzen,

entschlossen, im Interesse der gesamten Menschheit die Möglichkeit einer Verwendung von bakteriologischen (biologischen) Agenzien und Toxinen als Waffen vollständig auszuschließen,

überzeugt, dass eine solche Verwendung mit dem Gewissen der Menschheit unvereinbar wäre und dass alles getan werden sollte, um diese Gefahr zu mindern, -

sind wie folgt übereingekommen:

Artikel I

Jeder Vertragsstaat dieses Übereinkommens verpflichtet sich,

1. mikrobiologische oder andere biologische Agenzien oder - ungeachtet ihres Ursprungs und ihrer Herstellungsmethode - Toxine von Arten und in Mengen, die nicht durch Vorbeugungs-, Schutz- oder sonstige friedliche Zwecke gerechtfertigt sind, sowie

2. Waffen, Ausrüstung oder Einsatzmittel, die für die Verwendung solcher Agenzien oder Toxine für feindselige Zwecke oder in einem bewaffneten Konflikt bestimmt sind,

niemals und unter keinen Umständen zu entwickeln, herzustellen, zu lagern oder in anderer Weise zu erwerben oder zurückzubehalten.

Artikel II

Jeder Vertragsstaat dieses Übereinkommens verpflichtet sich, alle in seinem Besitz befindlichen oder seiner Hoheitsgewalt oder Kontrolle unterliegenden Agenzien, Toxine, Waffen, Ausrüstungen und Einsatzmittel im Sinne des Artikels I so bald wie möglich, spätestens jedoch neun Monate nach dem Inkrafttreten des Übereinkommens, zu vernichten oder friedlichen Zwecken zuzuführen. Bei der Durchführung der Bestimmungen dieses Artikels sind alle erforderlichen Sicherheitsvorkehrungen zum Schutz der Bevölkerung und der Umwelt zu beachten.

Artikel III

Jeder Vertragsstaat dieses Übereinkommens verpflichtet sich, die in Artikel I bezeichneten Agenzien, Toxine, Waffen, Ausrüstungen oder Ersatzmittel an niemanden unmittelbar oder mittelbar weiterzugeben und einen Staat, eine Gruppe von Staaten oder internationale Organisationen weder zu unterstützen noch zu ermutigen, noch zu veranlassen, sie herzustellen oder in anderer Weise zu erwerben.

Artikel IV

Jeder Vertragsstaat dieses Übereinkommens trifft nach Maßgabe der in seiner Verfassung vorgesehenen Verfahren alle erforderlichen Maßnahmen, um die Entwicklung, die Herstellung, die Lagerung, den Erwerb oder die Zurückbehaltung der in Artikel I bezeichneten Agenzien, Toxine, Waffen, Ausrüstungen und Einsatzmittel in seinem

Hoheitsgebiet, unter seiner Hoheitsgewalt oder an irgendeinem Ort unter seiner Kontrolle zu verbieten und zu verhindern.

Artikel V

Die Vertragsstaaten des Übereinkommens verpflichten sich, einander zu konsultieren und zusammenzuarbeiten, um alle Probleme zu lösen, die sich in Bezug auf das Ziel oder bei der Anwendung der Bestimmungen dieses Übereinkommens ergeben können. Die Konsultation und Zusammenarbeit aufgrund dieses Artikels kann auch durch geeignete internationale Verfahren im Rahmen der Vereinten Nationen und im Einklang mit deren Charta erfolgen.

Artikel VI

(1) Jeder Vertragsstaat des Übereinkommens, der feststellt, dass ein anderer Vertragsstaat durch sein Handeln die sich aus diesem Übereinkommen ergebenden Verpflichtungen verletzt, kann beim Sicherheitsrat der *Vereinten Nationen* und im Einklang mit deren Charta erfolgen.

(2) Jeder Vertragsstaat des Übereinkommens verpflichtet sich zur Zusammenarbeit bei der Durchführung einer Untersuchung, die der Durchführung einer Untersuchung, die der Sicherheitsrat im Einklang mit den Bestimmungen der Charta der *Vereinten Nationen* aufgrund der bei ihm eingegangenen Beschwerde gegebenenfalls einleitet. Der Sicherheitsrat unterrichtet die Vertragsstaaten des Übereinkommens über die Ergebnisse der Untersuchung.

Artikel VII

Jeder Vertragsstaat des Übereinkommens verpflichtet sich, jeder Vertragspartei, die darum ersucht, im Einklang mit der *Charta der Vereinten Nationen* Hilfe zu gewähren oder Hilfeleistungen zu unterstützen, falls der Sicherheitsrat feststellt, dass diese Vertragspartei als Ergebnis der Verletzung dieses Übereinkommens einer Gefahr ausgesetzt worden ist.

Artikel VIII

Keine Bestimmung dieses Übereinkommens ist so auszulegen, als begrenze oder mindere sie in irgendeiner Weise die von einem Staat aufgrund des in Genf am 17. Juni 1925 unterzeichneten Protokolls über das Verbot der Verwendung von erstickenden, giftigen oder ähnlichen Gasen sowie von bakteriologischen Mitteln im Kriege übernommenen Verpflichtungen.

Artikel IX

Jeder Vertragsstaat dieses Übereinkommens bekräftigt das anerkannte Ziel des wirksamen Verbots chemischer Waffen und verpflichtet sich, hierauf gerichtete Verhandlungen in redlicher Absicht fortzusetzen, um eine baldige Übereinkunft zu erzielen über wirksame Maßnahmen zum Verbot ihrer Entwicklung, Herstellung und Lagerung und zu ihrer Vernichtung sowie über geeignete Maßnahmen in Bezug auf Ausrüstungen und Einsatzmittel, die eigens für die Herstellung oder Verwendung chemischer Agenzien für Waffenzwecke vorgesehen sind.

Artikel X

(1) Die Vertragsstaaten dieses Übereinkommens verpflichten sich, den weitestmöglichen Austausch von Ausrüstungen, Material und wissenschaftlichen und technologischen Informationen zur Verwendung bakteriologischer (biologischer) Agenzien und von Toxinen für friedliche Zwecke zu erleichtern und sind berechtigt, daran teilzunehmen. Vertragsparteien, die hierzu in der Lage sind, arbeiten ferner zusammen, um allein oder gemeinsam mit anderen Staaten oder internationalen Organisationen zur Weiterentwicklung und Anwendung wissenschaftlicher Entdeckungen auf dem Gebiet der Bakteriologie (Biologie) zur Krankheitsverhütung oder zu anderen friedlichen Zwecken beizutragen.

(2) Dieses Übereinkommen ist so durchzuführen, dass es keine Behinderung für die wirtschaftliche und technologische Entwicklung der Vertragsstaaten des Übereinkommens oder für die internationale Zusammenarbeit auf dem Gebiet friedlicher bakteriologischer (biologischer) Tätigkeiten darstellt, einschließlich des internationalen Austausches von bakteriologischen (biologischen) Agenzien und Toxinen sowie von Ausrüstungen für die Verarbeitung, Verwendung oder Herstellung bakteriologischer (biologischer) Agenzien und von Toxinen für friedliche Zwecke im Einklang mit den Bestimmungen dieses Übereinkommens

Artikel XI

Jeder Vertragsstaat kann Änderungen dieses Übereinkommens vorschlagen. Änderungen treten für jeden Vertragsstaat, der sie annimmt, nach ihrer Annahme durch eine Mehrheit der Vertragsstaaten des Übereinkommens in Kraft, danach treten sie für jeden weiteren Vertragsstaat am Tage der Annahme durch ihn in Kraft

Artikel XII

Fünf Jahre nach dem Inkrafttreten dieses Übereinkommens oder, wenn eine Mehrheit der Vertragsparteien des Übereinkommens durch einen an die Verwahrregierungen gerichteten entsprechenden Vorschlag darum ersucht, zu einem früheren Zeitpunkt, wird in Genf, Schweiz eine Konferenz der Vertragsstaaten des Übereinkommens zu dem Zweck abgehalten, die Wirkungsweise dieses Übereinkommens zu überprüfen, um sicherzustellen, dass die Ziele der Präambel und die Bestimmungen des Vertrages einschließlich jener betreffend die Verhandlungen über chemische Waffen verwirklicht werden. Bei dieser Überprüfung werden die für dieses Übereinkommen erheblichen neuen wissenschaftlichen und technologischen Entwicklungen berücksichtigt.

Artikel XIII

(1) Die Geltungsdauer dieses Übereinkommens ist unbegrenzt.

(2) Jeder Vertragsstaat dieses Übereinkommens ist in Ausübung seiner staatlichen Souveränität berechtigt, von diesem Übereinkommen zurückzutreten, wenn er entscheidet, dass durch außergewöhnliche, mit dem Inhalt dieses Übereinkommens zusammenhängende Ereignisse eine Gefährdung der höchsten Interessen seines Landes eingetreten ist. Er teilt diesen Rücktritt allen anderen Vertragsstaaten des Übereinkommens sowie dem Sicherheitsrat der *Vereinten Nationen* drei Monate im Voraus mit. Diese Mitteilung hat eine Darlegung der außergewöhnlichen Ereignisse zu enthalten, durch die seiner Ansicht nach eine Gefährdung seiner höchsten Interessen eingetreten ist.

Artikel XIV

(1) Dieses Übereinkommen liegt für alle Staaten zur Unterzeichnung auf. Jeder Staat, der das Übereinkommen nicht vor seinem nach Absatz 3 erfolgten Inkrafttreten unterzeichnet, kann ihm jederzeit beitreten.

(2) Dieses Übereinkommen bedarf der Ratifikation durch die Unterzeichnerstaaten. Die Ratifikations- und die Beitrittsurkunden sind bei den Regierungen der Union der Sozialistischen Sowjetrepubliken, des Vereinigten Königreichs Großbritannien und Nordirland sowie der Vereinigten Staaten von Amerika zu hinterlegen; diese werden hiermit zu Verwahrregierungen bestimmt.

(3) Dieses Übereinkommen tritt in Kraft, sobald zweiundzwanzig Regierungen, einschließlich derjenigen, die als Verwahrregierungen bestimmt sind, ihre Ratifikationsurkunden hinterlegt haben.

(4) Für Staaten, deren Ratifikations- oder Beitrittsurkunden nach dem Inkrafttreten dieses Übereinkommens hinterlegt werden, tritt es am Tag der Hinterlegung ihrer Ratifikations- oder Beitrittsurkunden in Kraft.

(5) Die Verwahrregierung unterrichtet alle Unterzeichnerstaaten und beitretenden Staaten sogleich vom Zeitpunkt jeder Unterzeichnung, vom Zeitpunkt jeder Hinterlegung einer Ratifikations- oder Beitrittsurkunde, vom Zeitpunkt des Inkrafttretens dieses Übereinkommens und vom Eingang sonstiger Mitteilungen.

(6) Dieses Übereinkommen wird von den Verwahrregierungen nach Artikel 120 der Charta der Vereinten Nationen registriert.

Artikel XV

Dieses Übereinkommen, dessen chinesischer, englischer, französischer, russischer und spanischer Wortlaut gleichermaßen verbindlich ist, wird in den Archiven der Verwahrregierung hinterlegt. Diese übermitteln den Regierungen der Unterzeichnerstaaten und den beitretenden Staaten gehörig beglaubigte Abschriften.

Zu Urkund dessen haben die hierzu gehörig befugten Unterzeichneten dieses Übereinkommen unterschrieben.

Geschehen ist drei Urschriften zu London, Moskau und Washington am 10. April 1972.

2018 waren 182 Staaten Vertragsparteien des Abkommens, darunter mit den Vereinigten Staaten, Russland, dem Vereinigten Königreich, Frankreich und der Volksrepublik China alle fünf ständigen Mitglieder des Sicherheitsrates der Vereinten Nationen. Österreich trat dem Abkommen am 10. August 1973 bei, die Schweiz am 4. Mai 1976 und Deutschland am 7. April 1983.

Zu den Nichtvertragsstaaten gehören vor allem Staaten in Afrika wie Ägypten, Tschad, Dschibuti, Eritrea, Komoren, Namibia, Somalia, Südsudan und Tansania, sowie Israel, Syrien, Haiti und Inselstaaten im Pazifik, Mikronesien, Tuvalu, Kiribati.

Allgemeine Erklärung über das menschliche Genom und Menschenrechte

Die Generalkonferenz -

unter Hinweis darauf, dass sich die Präambel der Satzung der UNESCO auf die »demokratischen Grundsätze der Würde, Gleichheit und gegenseitigen Achtung der Menschen« bezieht, die »Lehre eines unterschiedlichen Wertes von Menschen und Rassen« grundsätzlich ablehnt, ferner niederlegt, dass »die weite Verbreitung der Kultur und die Erziehung des Menschengeschlechts zur Gerechtigkeit, zur Freiheit und zum Frieden für die Würde des Menschen unerläßlich sind und eine heilige Verpflichtung darstellen, die alle Völker im Geiste gegenseitiger Hilfsbereitschaft und Anteilnahme erfüllen müssen«, verkündet, dass »Friede auf der Grundlage der geistigen und moralischen Verbundenheit der Menschheit errichtet werden muss« und erklärt, dass die Organisation bestrebt ist, »durch die Zusammenarbeit der Völker der Erde auf den Gebieten Erziehung, Wissenschaft und Kultur »den Weltfrieden und den allgemeinen Wohlstand der Menschheit zu fördern - Ziele, um derentwillen die Vereinten Nationen gegründet wurden und die in deren Charta verkündet sind«,

unter nachdrücklichem Hinweis auf ihr Bekenntnis zu den allgemeinen Grundsätzen der Menschenrechte, die insbesondere in der Allgemeinen Erklärung der Menschenrechte vom 10. Dezember 1948 sowie in den beiden Internationalen Pakten der Vereinten Nationen vom 19. Dezember 1966 über wirtschaftliche, soziale und kulturelle Rechte und über bürgerliche und politische Rechte, der *Konvention der Vereinten Nationen vom 9. Dezember 1948 über die Verhütung und Bestrafung des Völkermordes*, dem *Internationalen Übereinkommen der Vereinten Nationen vom 21. Dezember 1965 zur Beseitigung jeder Form von Rassendiskriminierung*, der *Erklärung der Vereinten Nationen vom 20. Dezember 1971 über die Rechte der geistig Zurückgebliebenen*, der *Erklärung der Vereinten Nationen vom 9. Dezember 1975 über die Rechte der Behinderten*, dem *Übereinkommen der Vereinten Nationen vom 18. Dezember 1979 zur Beseitigung jeder Form von Diskriminierung der Frau*, der *Erklärung der Vereinten Nationen vom 29. November 1985 über*

Grundprinzipien der rechtmäßigen Behandlung von Verbrechensopfern und Opfern von Machtmißbrauch, dem *Übereinkommen der Vereinten Nationen vom 20. November 1989 über die Rechte des Kindes,* den *Rahmenbestimmungen der Vereinten Nationen vom 20. Dezember 1993 für die Herstellung der Chancengleichheit für Behinderte,* dem *Übereinkommen vom 16. Dezember 1971 über das Verbot der Entwicklung, Herstellung und Lagerung bakteriologischer (biologischer) Waffen und von Toxinwaffen sowie über die Vernichtung solcher Waffen,* dem *Übereinkommen der UNESCO vom 14. Dezember 1960 gegen Diskriminierung im Unterrichtswesen,* der *Erklärung der UNESCO vom 4. November 1966 der Grundsätze der internationalen kulturellen Zusammenarbeit,* der *Empfehlung der UNESCO vom 20. November 1974 zur Stellung der wissenschaftlichen Forscher,* der *Erklärung der UNESCO vom 21. November 1978 über Rasse und Rassenvorurteile,* dem *Übereinkommen Nr. 111 der Internationalen Arbeitsorganisation vom 25. Juni 1958 über die Diskriminierung in Beschäftigung und Beruf* und dem *Übereinkommen Nr. 169 der Internationalen Arbeitsorganisation vom 27. Juni 1989 über eingeborene und in Stämmen lebende Völker in unabhängigen Ländern bekräftigt werden,*

eingedenk und unbeschadet der völkerrechtlichen Übereinkünfte, die in Fragen des geistigen Eigentums Einfluß auf die Anwendung der Genetik haben könnten, unter anderem: *der Berner Übereinkunft vom 9. September 1886 zum Schutz von Werken der Literatur und Kunst und des Welturheberrechtsabkommens der UNESCO* vom 6. September 1952 in der zuletzt am 24. Juli 1971 in Paris geänderten Fassung, der *Pariser Verbandsübereinkunft vom 20. März 1883 zum Schutz des gewerblichen Eigentums* in der zuletzt am 14. Juli 1967 in Stockholm geänderten Fassung, *des Budapester Vertrags der Weltorganisation für geistiges Eigentum* vom 28. April 1977 über die *Internationale Anerkennung der Hinterlegung von Mikroorganismen für die Zwecke von Patentverfahren und des Übereinkommens über handelsbezogene Aspekte der Rechte des geistigen Eigentums (TRIPS),* das dem am 1. Januar 1995 in Kraft getretenen *Übereinkommen zur Errichtung der Welthandelsorganisation* als Anlage beigefügt ist,

ferner eingedenk des Übereinkommens der *Vereinten Nationen vom 5. Juni 1992 über die biologische Vielfalt* und in diesem Zusammenhang unter Betonung der Tatsache, dass die Anerkennung der genetischen Vielfalt der Menschheit keine Auslegung sozialer oder politischer Art zur Folge haben darf, die die »allen Mitgliedern der menschlichen Gesellschaft innewohnende Würde und ihre gleichen und unveräußerlichen Rechte« im Einklang mit der Präambel der *Allgemeinen Erklärung der Menschenrechte* in Frage stellen könnte,

unter Hinweis auf die *Resolutionen 22 C/13.1, 23 C/ 13.1, 24 C/13.1, 25 Ci5.2* und *73, 27 C/515* und *28 C/O 12, 2 1,* mit denen die *UNESCO* nachdrücklich aufgefordert wird, ethische Untersuchungen über die Folgen des wissenschaftlichen und technischen Fortschritts auf dem Gebiet der Biologie und der Genetik sowie die aus diesen Untersuchungen erwachsenden Maßnahmen im Rahmen der Achtung der Menschenrechte und Grundfreiheiten zu fördern und zu entwickeln,

in Anerkennung dessen, dass die Forschung am menschlichen Genom und die sich daraus ergebenden Anwendungsbereiche weitreichende Aussichten auf Fortschritte bei der Verbesserung der Gesundheit des Einzelnen und der gesamten Menschheit eröffnen, jedoch unter gleichzeitiger Betonung dessen, dass diese Forschung die Menschenwürde, die Freiheit des Menschen und die Menschenrechte uneingeschränkt achten soll sowie unter Betonung des Verbots jeder Form von Diskriminierung aufgrund genetischer Eigenschaften -

verkündet die folgenden Grundsätze und verabschiedet die vorliegende Erklärung

A. MENSCHENWÜRDE UND MENSCHLICHES GENOM

Artikel 1

Das menschliche Genom liegt der grundlegenden Einheit aller Mitglieder der menschlichen Gesellschaft sowie der Anerkennung der ihnen innewohnenden Würde und Vielfalt zugrunde. In einem symbolischen Sinne ist es das Erbe der Menschheit.

Artikel 2

a) Jeder Mensch hat das Recht auf Achtung seiner Würde und Rechte, unabhängig von seinen genetischen Eigenschaften.

b) Diese Würde gebietet es, den Menschen nicht auf seine genetischen Eigenschaften zu reduzieren und seine Einzigartigkeit und Vielfalt zu achten.

Artikel 3

Das menschliche Genom, das sich seiner Natur gemäß fortentwickelt, unterliegt Mutationen. Es birgt Möglichkeiten, die je nach der natürlichen und sozialen Umgebung des Einzelnen, einschließlich seines Gesundheitszustands, seiner Lebensbedingungen, Ernährung und Erziehung auf unterschiedliche Weise zum Ausdruck kommen.

Artikel 4

Das menschliche Genom in seinem natürlichen Zustand darf keinen finanziellen Gewinn eintragen.

B. RECHTE DER BETROFFENEN PERSONEN

Artikel 5

a) Forschung, Behandlung und Diagnose, die das Genom eines Menschen betreffen, dürfen nur nach vorheriger strenger Abwägung des damit verbundenen möglichen Risikos und Nutzens und im Einklang mit allen sonstigen Anforderungen innerstaatlichen Rechts durchgeführt werden.

b) In allen Fällen muss die vorherige, aus freien Stücken nach fachgerechter Aufklärung erteilte Einwilligung der betroffenen Person eingeholt werden. Ist sie nicht in der Lage, ihre Einwilligung zu erteilen, so sind die Zustimmung oder Ermächtigung in der gesetzlich vorgeschriebenen Weise einzuholen, geleitet von dem Bestreben, zum Besten der Person zu handeln.

c) Das Recht jedes Einzelnen, darüber zu entscheiden, ob er von den Ergebnissen der genetischen Untersuchung und den sich daraus ergebenden Folgen unterrichtet werden will, soll geachtet werden.

d) Im Fall der Forschung sind zusätzlich Protokolle zu vorheriger Prüfung vorzulegen, entsprechend den einschlägigen, die Forschung betreffenden nationalen und internationalen Normen und Richtlinien.

e) Ist eine Person von Rechts wegen unfähig, ihre Einwilligung zu erteilen, so darf Forschung, die ihr Genom betrifft; nur betrieben werden, um der Person einen unmittelbaren gesundheitlichen Nutzen zu verschaffen, vorbehaltlich der gesetzlich vorgeschriebenen Ermächtigung und der gesetzlich vorgesehenen Schutzbestimmungen. Forschung, die keinen unmittelbaren gesundheitlichen Nutzen erwarten läßt, darf nur in Ausnahmefällen durchgeführt werden und dies auch nur unter allergrößter Zurückhaltung, wobei die betroffene Person nur einem minimalen Risiko und einer minimalen Belastung ausgesetzt werden darf und wenn damit anderen Personen der gleichen Altersstufe oder mit der gleichen genetischen Veranlagung ein gesundheitlicher Nutzen verschafft werden soll, entsprechend den gesetzlich vorgeschriebenen Bedingungen und unter der Voraussetzung, dass solche Forschung mit dem Schutz der Menschenrechte des Einzelnen vereinbar ist.

Artikel 6

Niemand darf einer Diskriminierung aufgrund genetischer Eigenschaften ausgesetzt werden, die darauf abzielt, Menschenrechte, Grundfreiheiten oder die Menschenwürde zu verletzen, oder dies zur Folge hat.

Artikel 7

Genetische Daten, die einer bestimmten Person zugeordnet werden können und zu Forschungs- oder anderen Zwecken gespeichert oder verarbeitet werden, sind im Einklang mit den gesetzlich vorgeschriebenen Bestimmungen vertraulich zu behandeln.

Artikel 8

Jeder Einzelne hat in Übereinstimmung mit internationalem und innerstaatlichem Recht einen Anspruch auf angemessene Wiedergutmachung für Schäden, die er als unmittelbare und zwangsläufige Folge eines Eingriffs erlitten hat, die sein oder ihr Genom betreffen.

Artikel 9

Zum Schutz der Menschenrechte und Grundfreiheiten dürfen Einschränkungen der Grundsätze der Einwilligung und Vertraulichkeit nur durch Gesetz vorgeschriebenen werden, und zwar aus zwingenden Gründen und im Rahmen des Völkerrechts und der internationalen Menschenrechtsnormen.

C. FORSCHUNG AM MENSCHLICHEN GENOM

Artikel 10

Forschung oder deren Anwendung betreffend das menschliche Genom, insbesondere in den Bereichen Biologie, Genetik und

Medizin, soll nicht Vorrang vor der Achtung der Menschenrechte, Grundfreiheiten und Menschenwürde einzelner Personen oder gegebenenfalls von Personengruppen haben.

Artikel 11

Praktiken, die der Menschenwürde widersprechen, wie reproduktives Klonen von Menschen, sind nicht erlaubt. Die Staaten und zuständigen internationalen Organisationen werden aufgefordert, gemeinsam daran zu arbeiten, derartige Praktiken zu benennen und auf nationaler oder internationaler Ebene die erforderlichen Maßnahmen zu ergreifen, um die Achtung der in dieser Erklärung niedergelegten Grundsätze sicherzustellen.

Artikel 12

a) Unter gebührender Achtung der Würde und der Menschenrechte jedes Einzelnen muss der aus Fortschritten in der Biologie, Genetik und Medizin erwachsene, das menschliche Genom betreffende Nutzen allen zugänglich gemacht werden.

b) Die Freiheit der Forschung, die für die Erweiterung des Wissens notwendig ist, ist Teil der Gedankenfreiheit. Die Anwendung der Forschung, auch ihre Anwendung in der Biologie, der Genetik und der Medizin, die das menschliche Genom betrifft, ist darauf auszurichten, Leiden zu lindem und die Gesundheit des Einzelnen und der gesamten Menschheit zu verbessern.

D. BEDINGUNGEN FÜR DIE AUSÜBUNG WISSENSCHAFTLICHER TÄTIGKEIT

Artikel 13

Die mit der Tätigkeit von Forschern verbundenen Verpflichtungen, einschließlich größter Sorgfalt, Vorsicht, intellektueller Ehrlichkeit und Integrität bei der Durchführung der Forschungsarbeit sowie bei der Vorstellung und Nutzung der Erkenntnisse sollen im Rahmen der Forschung am menschlichen Genom aufgrund der ethischen und sozialen Auswirkungen besondere Beachtung finden. Öffentlichen und privaten politischen Entscheidungsträgern im Bereich der Wissenschaft kommt in dieser Hinsicht ebenfalls eine besondere Verantwortung zu.

Artikel 14

Die Staaten sollen geeignete Maßnahmen zur Förderung der geistigen und materiellen Rahmenbedingungen, die die Freiheit der Forschung am Genom des Menschen begünstigen, und zur Berücksichtigung der ethischen, rechtlichen, sozialen und wirtschaftlichen Auswirkungen dieser Forschung auf der Grundlage der in dieser Erklärung niedergelegten Grundsätze treffen.

Artikel 15

Um die Achtung der Menschenrechte, Grundfreiheiten und der Menschenwürde zu gewährleisten und die Volksgesundheit zu schützen, sollen die Staaten geeignete Schritte zur Schaffung der Rahmenbedingungen für die freie Ausübung der Forschung am menschlichen Genom unter gebührender Berücksichtigung der in dieser Erklärung niedergelegten Grundsätze unternehmen. Sie sollen bestrebt sein sicherzustellen, dass Forschungsergebnisse nicht für nichtfriedliche Zwecke genutzt werden.

Artikel 16

Die Staaten sollen die Bedeutung der gegebenenfalls auf verschiedenen Ebenen erfolgenden Förderung der Einrichtung von unabhängigen, fachübergreifenden und pluralistischen Ethikausschüsse anerkennen, welche die ethischen, rechtlichen und sozialen Fragen prüfen, die durch die Forschung am menschlichen Genom und ihre Anwendung aufgeworfen werden.

E. SOLIDARITÄT UND INTERNATIONALE ZUSAMMENARBEIT

Artikel 17

Die Staaten sollen die Ausübung von Solidarität gegenüber Einzelnen, Familien und Bevölkerungsgruppen, die besonders anfällig für Krankheiten oder Behinderungen genetischer Natur oder von diesen betroffen sind, achten und fördern. Sie sollen unter anderem Forschungsarbeiten fördern, die dem Erkennen, der Vorbeugung und der Behandlung genetisch bedingter und genetisch beeinflußter Krankheiten dienen, insbesondere sowohl seltener als auch endemischer Krankheiten, die große Teile der Weltbevölkerung betreffen.

Artikel 18

Die Staaten sollen unter gebührender und angemessener Berücksichtigung der in dieser Erklärung niedergelegten Grundsätze alles in ihren Kräften Stehende tun, um weiterhin die internationale Verbreitung wissenschaftlicher Erkenntnisse über das menschliche Genom, die menschliche Vielfalt und die Genforschung zu fördern und in diesem Sinne wissenschaftliche und kulturelle Zusammenarbeit, insbesondere zwischen Industrie- und Entwicklungsländern zu fördern.

Artikel 19

a) Im Rahmen der internationalen Zusammenarbeit mit Entwicklungsländern sollen die Staaten bestrebt sein, Maßnahmen zu fördern, die Folgendes ermöglichen:

I) Risiko und Nutzen im Zusammenhang mit der Forschung am menschlichen Genom abzuwägen und Mißbrauch zu verhindern;

II) die Fähigkeit von Entwicklungsländern, Forschung in der Humanbiologie und Genetik zu betreiben, unter Berücksichtigung ihrer spezifischen Probleme zu entwickeln und zu stärken;

III) Entwicklungsländer in die Lage zu versetzen, von den Errungenschaften der wissenschaftlichen und technologischen Forschung zu profitieren, damit deren Nutzung für den wirtschaftlichen und sozialen Fortschritt zugunsten aller erfolgen kann;

IV) den freien Austausch von wissenschaftlichen Erkenntnissen und Informationen in den Bereichen Biologie, Genetik und Medizin zu fördern;

b) Die zuständigen internationalen Organisationen sollen die von den Staaten für die vorstehenden Zwecke unternommenen Initiativen unterstützen und fördern.

F. FÖRDERUNG DER IN DER ERKLÄRUNG NIEDERGELEGTEN GRUNDSÄTZE

Artikel 20

Die Staaten sollen geeignete Maßnahmen treffen, um die in der Erklärung niedergelegten Grundsätze durch Erziehung und zweckdienliche Mittel zu fördern, unter anderem durch die Durchführung von Forschung und Ausbildung in interdisziplinären Bereichen und durch die Förderung von Erziehung in der Bioethik auf allen Ebenen, insbesondere für die Verantwortungsträger im Bereich der Wissenschaftspolitik.

Artikel 21

Die Staaten sollen geeignete Maßnahmen ergreifen, um andere Formen der Forschung Ausbildung und Informationsverbreitung zu fördern, die dazu beitragen das Bewußtsein der Gesellschaft und aller ihrer Mitglieder für ihre Verantwortung hinsichtlich der Grundfragen im Zusammenhang mit der Verteidigung der Menschenwürde zu stärken, die durch die Forschung in Biologie, Genetik und Medizin und durch ihre Anwendung aufgeworfen werden können. Sie sollen es sich ferner zur Aufgabe machen, eine offene, internationale Diskussion über dieses Thema zu erleichtern, wobei sie die freie Äußerung unterschiedlicher soziokultureller, religiöser und philosophischer Meinungen sicherstellen.

G. UMSETZUNG DER ERKLÄRUNG

Artikel 22

Die Staaten sollen alle Anstrengungen unternehmen, um die in dieser Erklärung niedergelegten Grundsätze zu fördern, und sollen mit Hilfe aller geeigneten Maßnahmen ihre Umsetzung fördern.

Artikel 23

Die Staaten sollen geeignete Maßnahmen ergreifen, um durch Erziehung Ausbildung und Informationsverbreitung die Achtung der vorstehenden Grundsätze zu fördern und ihre Anerkennung und wirksame Anwendung zu unterstützen. Die Staaten sollen ferner zum Austausch sowie zur Einrichtung von Netzen zwischen unabhängigen Ethikausschüssen ermutigen, sobald diese gegründet sind, um eine uneingeschränkte Zusammenarbeit zu unterstützen.

Artikel 24

Das Internationale Bioethik-Komitee der *UNESCO* soll zur Verbreitung der in dieser Erklärung niedergelegten Grundsätze und zur weiteren Untersuchung der Fragen beitragen, die durch deren Anwendung und die Weiterentwicklung der entsprechenden Techniken aufgeworfen werden. Es soll in geeigneter Weise Gespräche mit betroffenen Parteien, wie z. B. Gruppen von persönlich Betroffenen, organisieren. Es soll Empfehlungen entsprechend den satzungsgemäßen Verfahren der *UNESCO* an die Generalkonferenz abgeben und beratend hinsichtlich der Folgemaßnahmen zu dieser Erklärung tätig sein, insbesondere in Bezug auf das Aufreigen von Verfahren, die der Menschenwürde widersprechen könnten, wie Eingriffe in die menschliche Keimbahn.

Artikel 25

Aus dieser Erklärung darf kein Anspruch eines Staates, einer Gruppe oder einer Einzelperson abgeleitet werden, Tätigkeiten auszuüben oder Handlungen vorzunehmen, die den Menschenrechten und Grundfreiheiten, einschließlich der in dieser Erklärung niedergelegten Grundsätze, widersprechen.

Ausklang

Ob Covid-19 ein naturbedingtes Phänomen ist, vielleicht ein Laborunfall, gar eine Bio-Waffe oder die Verschwörung eines Bill Gates, Fakt ist unseres Erachtens die Unfähigkeit einer deutschen Regierung rechtzeitig und nicht mit Wochen Verspätung zu handeln.

Fakt ist unseres Erachtens ebenfalls, dass die Regierenden ihre Internationalismus-Idee vor die Sicherheit des eigenen Volkes gestellt und in Ihrer EU-Euphorie die Grenzen nicht rechtzeitig geschlossen haben. Die Assimilierung des eigenen Volkes zu künstlichen EU-Bürgern ist ihnen scheinbar wichtiger, als das eigene Volk zu schützen.

Fakt ist, dass unsere Herrschenden in den letzten Jahrzehnten unser Land scheinbar derart abgebaut haben, dass wir eine richtige Krise ohne eine Bittstellung vor dem Ausland nicht überstehen können und unsere Wirtschaft ohne Rohstoffe vor einer Katastrophe steht.

Die geringe Zahl der Corona-Todesfälle ist auch kein Ergebnis einer guten Regierungspolitik. Machen wir uns nichts vor, Deutschland war im Gesundheitswesen immer eine führende Nation. Ebenso in der Arzneimittelindustrie. Zum Glück sind die Auswirkungen der katastrophalen Gesundheitspolitik - der Abbau des Gesundheitswesens - noch nicht so weit fortgeschritten, dass wir medizinisch kapitulieren müssen.

Uns bereitet die Ankündigung der kommunistischen Diktatur China (laut. n-tv vom 19.05.2020 um 7:36 Uhr) Sorgen, dass sie im kommenden Jahr ca. eine Milliarde Euro an die WHO überweisen und somit zu ihrem größten Geldgeber werden könnte und somit zukünftig die WHO in Abhängigkeit von China stehen mag. Das ist wahrlich eine große Bedrohung der Weltgesundheit, wie dieses Buch anhand anderer Fakten über China im Zusammenhang mit Corona aufzeigt.